光催化材料及其在环境保护中的应用

吴懿波 著

哈尔滨出版社
HARBIN PUBLISHING HOUSE

图书在版编目（CIP）数据

光催化材料及其在环境保护中的应用 / 吴懿波著
. — 哈尔滨 ：哈尔滨出版社，2023.1
ISBN 978-7-5484-6843-1

Ⅰ．①光… Ⅱ．①吴… Ⅲ．①光催化剂－应用－环境
保护－研究 Ⅳ．① O643.36 ② X

中国版本图书馆 CIP 数据核字（2022）第 198787 号

书　　名：**光催化材料及其在环境保护中的应用**
GUANGCUIHUA CAILIAO JIQI ZAI HUANJING BAOHU ZHONG DE YINGYONG

作　　者：吴懿波　著
责任编辑：张艳鑫
封面设计：张　华
出版发行：哈尔滨出版社（Harbin Publishing House）
社　　址：哈尔滨市香坊区泰山路 82-9 号　邮编：150090
经　　销：全国新华书店
印　　刷：河北创联印刷有限公司
网　　址：www.hrbcbs.com
E－mail：hrbcbs@yeah.net
编辑版权热线：（0451）87900271　87900272
开　　本：787mm×1092mm　1/16　印张：10.5　字数：164 千字
版　　次：2023 年 1 月第 1 版
印　　次：2023 年 1 月第 1 次印刷
书　　号：ISBN 978-7-5484-6843-1
定　　价：68.00 元

前　言

当今环境问题制约各国经济发展,如何低成本、高效益地治理环境污染成为共同关注问题。催化材料处理是高效率的污染处理技术,引起全球关注。

随着经济的飞速发展,工业三废处理不当以及农业残留、旅游业和生活污染物日益增多,严重污染生活环境。空气和水的净化、有毒气体的吸收以及工农业和生活污水的处理成为炙手可热的研究课题。传统污染处理方法主要有空气分离法和碳吸附法,新型污染处理方法主要有光催化技术和稀土催化技术。由于传统污染处理方法仅仅是对污染物转化,并未从本质上将其处理掉,从某种意义上讲还是一种新污染源。催化材料因具有高效无毒且可循环重复利用的优点引起广泛关注。本书综述光催化纳米材料、稀土催化材料和异质结光催化材料等在工业废水、废渣、含硫含氮废气、生活垃圾及自来水净化等方面的应用。

开发成本低廉、实用性强和新型可调控的异质结构制备技术,将其制作成纳米器件,并在环境保护中得到有效利用,对于处理环境污染问题具有很高的应用价值。

催化材料具有较强的光催化活性和抗光腐蚀,还具有便宜、易得、耐酸碱性、光稳定性和低毒等特点,已成为污染处理的新方法,应用前景良好。采用该技术进行污水处理,可以改变传统的工业废水和城市污水处理方式的投资大、耗能高和处理费用高等缺点,未来几年会在环境保护和处理方面得到快速的发展和广泛应用。

目 录

第 一 章　光催化材料的理论研究

第一节　高效光催化材料概述

光催化材料在能源转换和环境净化领域具有重要的应用前景。实现光催化技术的实际应用，其关键是开发出高效的光催化材料，高效的光催化材料需要满足带隙与太阳光谱匹配、导价带能级位与反应物电极电位匹配、高量子效率和光化学稳定等性能要求。本书综述了新型光催化材料开发策略及研究进展，重点总结了包含能量转换效率提高方法、光催化机理认识与表征手段等光催化领域材料发展的新趋势，分析了提高光催化能量转换效率的关键所在及开展新型光催化材料研究工作的重要性，展望了该领域的未来发展方向。

当今世界正面临着能源短缺和环境污染的严峻挑战，解决这两大问题是人类社会实现可持续发展的迫切需要。中国既是能源短缺国，又是能源消耗大国。近年来，伴随社会经济的快速发展，中国石油对外依存度不断攀升，已经严重影响到国家经济健康发展和社会稳定，并威胁到国家能源安全。与此同时，石油等化石能源的过度消耗导致污染物大量排放，加剧了环境污染，尤其是我国近年来雾霾天气频繁出现，严重影响了人民的生活和身体健康，开发和利用太阳能是解决这一难题的有效方法之一。

我国太阳能资源十分丰富，每年可供开发利用的太阳能约 1.6×10^{15} W，大约是 2010 年中国能源消耗的 500 倍。从长远看，太阳能的有效开发与利用对优化中国能源结构具有重大意义。然而，太阳能存在能量密度低、分布不均匀、昼夜 / 季节变化大、不易储存等缺点。

光催化技术可以将太阳能转换为氢能。氢能能量密度高、清洁环保、使用方便，被认为是一种理想的能源载体。目前氢能的利用技术逐渐趋于成熟，以氢气为燃料的燃料电池已开始实用化，氢气汽车和氢气汽轮机等一些"绿色能源"产品已开始投入市场。氢利用技术的成熟促进了制氢技术的发展。高效、低成本、大规模制氢技术的开发成为"氢经济"时代的迫切需求。自20世纪70年代日本科学家利用 TiO_2 光催化分解水产生氢气和氧气以来，光催化材料一直是国内外研究的热点之一。光催化太阳能制氢方法是一种成本低廉、集光转换与能量存储于一体的方法，该领域的研究越来越受到各国的广泛关注。国际上光催化材料研究竞争十分激烈。光催化材料不仅具有分解水制氢的功能，而且具有环境净化功能。利用光催化材料净化空气和水已成为当今世界引人注目的高新环境净化技术。太阳能转换效率是制约光催化技术走向实用化的关键因素之一，光催化材料的光响应范围决定了太阳能转换氢能的最大理论转化效率。光催化领域经过40余年的发展和积累，正孕育着重大突破，光催化太阳能转换效率的不断提高，光催化技术正处于迈向大规模应用的关键阶段，国际竞争十分激烈。

在能源和环境问题强大需求的推动下，国际上光催化领域的研究已经从最初的实验现象发现，逐步由基础理论研究转向光催化材料的应用基础研究；由光催化材料探索逐步转向高效光催化材料体系设计。在研究手段上，已经能够从分子、原子水平上揭示光催化材料基本物性以及光催化材料的构效关系，从飞秒时间尺度上研究光催化反应过程与反应机理，其中包括第一性原理与分子动力学模拟在内的现代科学计算方法，逐渐在光催化材料物性与光催化反应机理研究方面起到重要作用。以半导体物理学、材料科学和催化化学为基础的较为完整的光催化基础理论体系已经初步建立。光催化已经发展为物理、化学、能源和环境等多学科交叉领域，成为热点研究领域之一。光催化领域最新的研究进展主要集中体现在认识光催化太阳能转换效率限制因素；揭示光催化机理与发展表征手段；设计基于新奇物理机制的光催化材料；改善光催化反应效率；阐明光催化材料构效关系以及构建复杂、高选择性环境净化体系等方面。

光催化材料研究的国内外研究现状和发展趋势主要体现在以下几个方面。

1. 光催化材料的太阳能转换效率逐步提高

构建高效的光催化反应体系的核心问题是开发高效光催化材料。近年来，光催化薄膜材料分解水制氢的太阳能转换效率逐步提升。2008 年，Augustynski 报道了 WO_3 光催化薄膜材料的饱和光电流达 3 mA/cm_2(按外加偏压来自太阳电池提供计算，太阳能转换效率约 3.6%)，接近其极限值 3.9 mA/cm^2。2010 年，Grätzel 小组报道了 Si 掺杂的 Fe_2O_3 薄膜光催化材料，在 1 M NaOH 水溶液中 AM1.5 模拟太阳光照射下，其饱和光电流达到 3.75 mA/cm^2(太阳能转换效率约 4.6%)。同年，Sayama 等制备了 $BiVO_4$ 光催化薄膜材料，在 1 M Na_2SO_4 水溶液中 AM1.5 模拟太阳光照射下的饱和光电流为 1.5 mA/cm^2(太阳能转换效率约 1.8%)。2011 年，邹志刚课题组通过掺杂和表面修饰获得 $BiVO_4$ 光催化薄膜材料的太阳能转换为氢能的效率可以达到 4.1%，是 $BiVO_4$ 材料里的最高值。可见，利用光催化薄膜材料分解水制氢最有希望率先获得应用。

在太阳能分解水制氢领域，我国学者做出了很多高水平的研究工作。西安交通大学的郭烈锦教授采用超声喷雾热裂解方法制备了 $BiVO_4$ 光催化薄膜材料，发现 W 掺杂可以提升其光电化学性能，他还研究了 WO_3/$BiVO_4$ 纳米异质结构光催化薄膜材料，在 AM1.5 模拟太阳光照射下的饱和电流为 1.6 mA/cm^2(太阳能转换效率约 1.9%)。上海交通大学蔡伟民教授研究发现 Co_3O_4 修饰的 $BiVO_4$ 光催化薄膜材料，量子转换效率提高了 4 倍，在 1V vs.Ag/AgCl 电极电势下，400 nm 光辐照下的量子转换效率达到 7% 左右。上海交通大学的上官文峰教授开发了 $BiYWO_6$ 光催化材料，实现了可见光分解水制氢。邹志刚课题组系统研究了具有可见光响应的 $BiFeO_3$、α-Fe_2O_3、$BiVO_4$、$(SrTiO_3)1$-x$(LaTiO_2N)$x、$In1$-xGaxN、Ta_3N_5 等半导体光催化材料分解水制氢的性能；利用低成本方法制备 Si, Ti 共掺杂 α-Fe_2O_3 光催化薄膜材料，太阳能转换为氢能的效率可以达到 3.3%。这些工作表明在这一研究领域我国学者在国际上处于先进水平。

2. 光催化机理认识逐步深入、表征手段快速发展对光催化机理的认识有助于开发高效光催化材料,提高光催化性能。2005年,日本大阪大学Majima T小组将单分子荧光显微观察手段引入光催化领域,对光催化材料表面的反应活性位分布进行直接观测。时间分辨原位红外光谱具有原位实时监控和利用红外光谱精确分析物质结构的优点,能够实时跟踪反应物在不同条件的化学变化。2007年,中国科学院大连化学物理研究所李灿教授课题组将这一技术运用于光催化反应机理研究,获得了光生电子的衰减动力学信息、光生电子寿命以及反应物对光生空穴的捕获行为。2008年,英国帝国理工学院Durrant教授等利用瞬态吸收光谱确定了TiO_2光催化材料中光生电子-空穴复合、迁移,以及与水的氧化-还原反应的时间尺度。从时间尺度上来看,水氧化反应是光催化分解水反应的主要速率控制步骤。水氧化反应是多空穴参与过程且受光生空穴的界面传输控制,因此,长寿命光生空穴的浓度将决定某些中间物种的形成与累积过程。2008年,李灿教授课题组将紫外拉曼光谱表征手段引入TiO_2相变研究过程,揭示了TiO_2表面相的形成、演变及其对光催化性能的影响规律。利用原位衰减全反射表面增强红外光谱可以方便地获得表面分子振动信息。2009年,日本东京大学Domen教授采用该技术监测吸附在贵金属表面的CO的振动频率,获得了贵金属助催化剂与光催化材料之间费米能级的匹配信息。先进的表征手段不断地引入,有助于深入认识光催化反应机理。

3. 改善光催化反应效率的手段趋于明确化

半导体光催化材料的光生电子-空穴复合是限制光催化反应效率的重要因素。电子-空穴复合主要包括体相复合和表面复合,因此,减小体相和表面复合是提高光催化反应效率的重要手段。邹志刚课题组提出了通过降低载流子的有效质量来提高载流子的迁移能力的方法,制备了Mo掺杂$BiVO_4$多孔氧化物薄膜材料,以Mo部分取代V,有效地降低了光生空穴有效质量,提高了其扩散长度,有效地减少了光生载流子的体相复合。2011年,邹志刚课题组发现在In0.2Ga0.8N和Mo掺杂$BiVO_4$的光催化薄膜材料制备中会出现表面偏析相,成为光生电子和空穴的复合中心。通过利用电化学腐蚀减少表面偏析相,可以有效地减少光生电子-空穴的表面复合,显著提高光催化材料的量子转换效率。此外,助催化剂修饰也是有效减少表面光生电子-

空穴复合的有效手段。近年来，国外有几个研究组将钴磷配合物助催化剂用于修饰 $BiVO_4$、Fe_2O_3 和 WO_3 等光催化薄膜材料，均能显著提高光催化分解水的反应效率。

4. 基于新奇物理机制的光催化材料逐渐兴起

近年来，光催化材料种类不断拓展。2008 年，福州大学付贤智教授课题组研究发现了二维共轭大 π 键结构的 $g-C_3N_4$ 聚合物半导体光催化材料。与无机半导体光催化材料不同，$g-C_3N_4$ 具有简单的晶体结构，其导、价带分别由 C2p 和 N2p 轨道构成，光生电子 - 空穴是通过 π-π 键传输，开辟了光催化材料研究的新方向。由于聚合物的种类丰富，功能易调节，组成元素来源丰富，成本低廉，因此，这一类材料引起了人们的广泛关注。

研究人员将贵金属纳米颗粒与半导体光催化材料复合，利用贵金属纳米颗粒的表面等离子体共振效应，有效地拓展了光催化材料的光吸收范围。2008 年，山东大学黄柏标教授研究组开发了一系列 $Ag@AgX$(X=Cl, Br, I) 等离子体增强效应的光催化材料，显著提升可见光光催化降解有机污染物性能。日本的 Torimoto 合成了复合体系的等离子体光催化材料 $CdS@SiO_2//Au@SiO_2$，发现该体系的光催化产氢效率很大程度上取决于 CdS 和 Au 纳米颗粒间的距离，这是由于金属颗粒的表面等离子体共振效应与其周围介质有很大关系。美国加州大学的 Duan 等利用 Au/Ag 核壳纳米棒制备出等离子增强的 Pt/n-Si/Ag 光电二极管光催化材料，光谱特性研究表明，光催化性能的增强很大程度上取决于 Au/Ag 核壳纳米棒的等离子体吸收光谱，进一步说明了等离子体增强在光催化中的作用。利用新奇物理机制拓宽光响应范围和提高光催化性能引起了人们的广泛关注。

5. 光催化材料构效关系逐渐被重视

随着光催化研究工作的推进，人们发现控制光催化材料的形貌、尺寸以及晶面等微结构参数，能够有效地调控光催化材料的性能。2002 年，Jung 等采用有机模板法制备了双层 TiO_2 纳米管。2007 年，武汉理工大学余家国教授制备了具有分级纳米孔结构的 TiO_2。2008 年，Awaga 等利用模板法制备了 TiO_2 空心球。这些纳米管、空心球结构、分级结构等特殊结构的光催化材料均具有较大的比表面积，显示了比普通颗粒更好的光催化性能。

选择性暴露晶面成为提高光催化材料反应活性的另一个有效途径。近期,关于晶体各向异性和活性面的研究已向多种半导体材料扩展,并取得了重要进展。2008 年,Yang 等发现 F 能够有效稳定 TiO_2 的高活性 {001} 晶面。此后,研究人员在 {001} 高活性晶面 TiO_2 的可控制备方面开展了一系列的研究工作。2010 年,Lou 等利用溶剂热法合成了近 100%(001) 面暴露的锐钛矿 TiO_2。同年,Ye 等利用水热法通过控制溶液的 pH 值合成了 (001) 面暴露的 $BiVO_4$,显示出了较高的光催化氧化水性能。2011 年,邹志刚课题组研究发现,通过调控 Zn_2GeO_4 不同晶面暴露可以实现光催化反应的选择性。这些研究结果,进一步表明光催化材料微结构调控是改善光催化材料性能的有效手段之一。

6. 光催化环境净化向复杂体系和高选择性方向发展

与光催化分解水反应类似,有机污染物光催化降解反应过程是一个典型的界面反应,并且污染物分子的吸附构型和分子反应机理是密切相关的。最近几年,人们在对高毒性、高稳定性的有机污染物的矿化、光催化降解的选择性等方面的研究取得了一定的进展。

中国科学院化学研究所赵进才教授研究组在光催化选择性氧化、降解界面反应方面取得了显著的进展。该课题组在简单染料分子敏化 TiO_2 反应体系内,成功地实现了选择性氧化醇类化合物为醛类化合物,提出了染料受光激发产生电子注入 TiO_2 的导带,还原 O_2 为超氧,处于激发态的染料自由基促进 TEMPO 氧化为 TEMPO+,利用 TEMPO+ 选择性地氧化醇类化合物为醛类化合物这一反应途径。后续,他们进一步实现了不需要染料敏化,在 TiO_2 光催化反应体系中氧化醇类化合物为醛类化合物的反应途径。

光催化技术展示了巨大的潜在应用前景,同时也面临着艰巨的挑战,如何实现光催化材料带隙与太阳光谱匹配、如何实现光催化材料的导价带位置与反应物电极电位匹配、如何降低电子 – 空穴复合提高量子效率、如何提高光催化材料的稳定性等问题仍是这一领域必须要解决的关键科学问题。

第二节　光催化材料研究进展

本节叙述了近些年来光催化材料的研究进展与核—壳型光催化纳米材料的研究现状，指出光催化材料尤其是纳米材料在治理环境污染方面发挥的巨大作用。与此同时，结合笔者的工作，简要介绍了纳米SnO_2光催化剂的特点、制备方法和复合结构，并对其前景进行了展望。

随着社会的进步和工业的发展，环境污染逐渐成为威胁人类生存的严重问题。对此，人们展开了治理污染、保护环境的科学研究，并取得了一定的成效。光催化技术是近几十年来发展起来的一种高效、环保、节能的新技术。它以半导体为催化剂，能够有效地利用太阳光催化氧化有毒污染物质，是一种有效治理污染、保护环境的方法。目前，国内外许多研究机构对该技术做了大量的研究工作，并对新型光催化剂进行了深入研究。

一、主要的光催化材料

（一）TiO_2光催化材料及其改性研究

目前，以TiO_2为代表的半导体光催化剂研究最为成熟，它可以有效地利用太阳光（紫外线）降解绝大多数有机污染物、细菌和部分无机物，降解最终产物为H_2O、CO_2和无害的盐类，产物清洁，能达到净化环境的目的。一方面，单纯的TiO_2光催化效率不高，而且光响应范围较窄，在紫外光区，太阳光利用率低；另一方面，半导体光生电子—空穴对的复合概率较高，处于激发态的空穴与电子极易通过以下几种途径失活：电子与空穴的重新复合；迁移到粒子表面与吸附的其他电子给体或受体发生氧化还原反应；被亚稳态的表面捕获等，从而制约了其发展。因此，对于TiO_2的改性研究，提高其光催化效率，扩大它的光响应范围，是近些年主要的研究方向。

TiO_2的改性研究主要通过贵金属沉积、掺杂过渡金属离子、有机染料光敏化以及半导体复合等方法引入杂质或缺陷，从而改善 TiO_2 的光吸收，提高量子效率和光催化反应速度。

贵金属沉积。贵金属沉积对改善光催化剂反应效率是十分有效的，贵金属的选择也十分重要。在 TiO_2 表面沉积一层 Ag、Pt、Au、Pd 等贵金属，相当于在 TiO_2 表面形成了一个以 TiO_2 及惰性金属微电极的短路微电池，从而能有效地抑制光生电子和光生空穴的复合，提高催化剂的光催化性能。目前研究较多的是 Pt 的沉积。

离子掺杂。在 TiO_2 表面适当地引入一些金属离子，如 Fe^{3+}、Mo^{5+}、Rn^{2+}、Os^{2+}、Re^{2+}、V^{5+} 等，可以在 TiO_2 表面引入缺陷或改变结晶度，从而降低空穴与电子的复合概率，延长复合时间，提高 TiO_2 光催化活性。

半导体的耦合。两种不同禁带宽度的半导体的互补性质抑制了电子、空穴的复合，增强了电荷分离以及扩展了光能激发的范围。近几年来报道的 SnO_2-TiO_2、WO_3-TiO_2、ZrO_2-TiO_2、V_2O_5-TiO_2 都表现出高于单一半导体的光催化性能。

有机染料光敏化。有机染料分子可以吸收太阳光，从而使电子从基态跃迁至激发态，只要活性物质激发态电势低于半导体的导带电势，光生电子就有可能输送到半导体的导带上，而空穴则留在染料分子中，有效地抑制了电子与空穴的复合。这些光敏化物质在可见光下有较大的激发因子，使光催化反应延伸到可见光范围。常用的光敏化物质有劳氏紫、酞菁、玫瑰红、曙红等。

（二）其他光催化材料

除了 TiO_2 及其改性材料，其他的光催化材料，如 Fe_2O_3、SnO_2、Co_3O_4、$LaFeO_3$、$LaCoO_3$ 的研究也取得了很大进展。如李爱梅等利用固相法、回流均匀沉淀法和超声均匀沉淀法三种方法，制备了多种可见光响应半导体催化剂——氧化铁，并发现其在一定条件下对造纸废水 COD 有较好的祛除效果。郭广生等以 $CO(NH_2)_2$、$SnCl_4 \cdot 5H_2O$ 为原料，采用均匀沉淀法制备了纳米 SnO_2 粒子，粒径范围在 8~30nm，且具有良好的分散性能。中科院福建物质结构研究所王元生课题组采用简易的水热法，实现了 SnO_2 纳米棒在 α-Fe_2O_3 前驱晶体表面的晶体学定向生长，成功制备了高纯度的 SnO_2/α-Fe_2O_3 复合材料。另外，Bi-Ti-O 系新型光催化材料也有新的发展，$Bi_4Ti_3O_{12}$ 是典型的铁电材料，在压电、光存储和电光器件上有着广泛的应用，研究发现，在 TiO_2 中掺杂 Bi 时，钛酸铋具有较高的光催化性能，是一种很有前景的新型光催化材料。

二、核－壳型光催化纳米材料

核—壳型 (Core — Shell) 纳米粒子就是在尺寸为微米至纳米级的球形颗粒表面包覆一层或数层均匀纳米薄膜而形成的一种复合结构材料，其中核与壳之间通过物理或化学作用相互连接。目前，主要以无机氧化物和磁性氧化物为核，同时通过控制核与壳的厚度来实现复合性能的调控。核—壳型复合光催化剂往往可以利用其核或壳组分的优异性能来达到提高光催化性能的目的。例如，孙中新等曾将 TiO_2 包覆在发光材料表面，得到既有发光性能又有光催化作用的多功能材料。卢忠利等以尖晶石铁氧体为核，在其表面依次包覆 SiO_2 与 TiO_2，制备了具有良好磁性的复合型光催化剂。

（一）以无机氧化物 SiO_2 为核

陈金媛等采用均匀沉淀法制备了磁性纳米 TiO_2-Fe_3O_4 光催化材料，实现了以磁性材料 Fe_3O_4 为核，将纳米 TiO_2 包覆在其外部的结构模型。该复合材料具有较小的粒子尺寸、较强的磁性、较高的光催化脱色率和磁回收效率。黄英等为了解决 TiO_2 纳米颗粒从悬浮体系中分离回收难的问题，采用化学沉淀法将 TiO_2 包覆在 $CoFe_2O_4$ 表面，成功制备了核－壳型 TiO_2-$CoFe_2O_4$ 纳米磁性光催化剂，并借助于磁场的作用实现了快速有效的分离。喻黎明等以钛酸四丁酯为原料，通过溶胶－凝胶法，在较低温度下合成了 TiO_2-Fe_3O_4 磁性光催化剂。研究结果表明，在 100℃下，TiO_2 的质量分数为 67.3% ~ 73.0% 时，磁载光催化剂既具有较高的光催化降解活性，又具有较好的磁分离回收性能。

（二）以磁性氧化物为核

光催化纳米材料在环境治理方面取得了广泛的应用，但由于其粒度小，使用过程易流失，难以回收再利用。Fe_3O_4与$CoFe_2O_4$具有较好的磁性，把光催化剂包覆在其表面，就可以很好地解决光催化剂的回收利用，即在外加磁场作用下快速、高效地回收光催化剂。

从环境污染治理所需与光催化技术的发展可以看出，光催化剂在人类生活中扮演着重要角色。TiO_2由于具有稳定、无毒等特性，被广泛认为是一种理想的光催化剂，但由于其催化效率偏低，光响应范围较窄，其改性研究将会是今后研究的主要方向。核-壳结构光催化剂的出现，改变了原催化剂性能单一的缺陷，使其具备了许多新性能，主要包括磁性、发光性等。SnO_2具有可见光透光性好、紫外吸收系数大、电阻率低、化学性能稳定以及室温下抗酸碱能力强等优点，目前备受关注，许多研究人员通过各种方法已成功获得性能良好的SnO_2纳米粒子，而其复合结构与改性研究将会是今后的发展方向。

（三）以其他物质为核

除了以磁性氧化物、无机氧化物为核外，其他物质，包括有机物、单质同样能作为核进行复合光催化剂的制备，此方面的研究工作相对较少。贺春晖等以碳球为模板，硫酸钛为钛源，尿素为均一沉淀剂，通过水热沉淀法制备了$C-TiO_2$核-壳结构，然后在空气中适当温度下煅烧得TiO_2空心球。叶晓云等以面心立方的金属纳米Ag为核，采用微乳液法制得$Ag-TiO_2$核-壳型纳米粒子。

三、SnO_2光催化剂

SnO_2光催化剂由于具有可见光透光性好、紫外吸收系数大、电阻率低、化学性能稳定以及室温下抗酸碱能力强等优点，作为光催化材料具有很大的潜力。与此同时，纳米SnO_2作为新型功能材料，在光催化、光学玻璃、吸波材料等方面也有着广泛的应用。目前，许多单位对SnO_2纳米粒子做了大量研究工作。

（一）SnO_2纳米粒子的制备

目前，常见制备SnO_2纳米粒子的方法有沉淀法、溶胶-凝胶法、水热法、微乳液法等，产品除了单一的 SnO_2 外，还有其他多种氧化锡复合粉末。郭广生等以 $CO(NH_2)_2$、$SnCl_4 \cdot 5H_2O$ 为原料，采用均匀沉淀法制备了 SnO_2 纳米粒子，粒径范围为 8～30nm，且具有良好的分散性能。沈晓冬等以无机盐为原料，采用溶胶—凝胶法制备了 SnO_2 纳米粉末，所制 SnO_2 纳米粉末具有金红石型结构，晶粒为球形，分散性良好，平均粒径可达到 8nm 左右。危晴等以 $SnCl_4 \cdot 5H_2O$ 为主要原料，以 $NH_3 \cdot H_2O$ 为沉淀剂，成功地制备出了 SnO_2 纳米粒子，平均粒径为 15nm，且具有良好的分散性能。

（二）SnO_2 复合结构与核－壳结构

SnO_2 属于宽禁带半导体，具有优越的光学性能和气敏性能，在许多领域具有良好的应用前景。但单纯的一元 SnO_2 纳米材料在应用过程中还存在着一些问题。为了提高 SnO_2 的光催化与其他性能，人们制备了多种氧化物复合材料与核—壳结构纳米材料，并发现其在光催化和其他方面有着更好的效果。

例如，姜秀榕等以 $SnCl_4 \cdot 5H_2O$、$ZnCl_2$、氨水为原料，采用共沉淀法制备出 SnO_2-ZnO 复合光催化剂，研究发现 400℃焙烧 1.5h 制得的复合光催化剂具有较高的光催化活性，其光催化活性明显强于单一的 SnO_2 和 ZnO。陈阿丹等用共沉淀法合成了 Fe_2O_3-SnO_2 复合光催化剂，Fe_2O_3 与 SnO_2 的物质的量配比为 1∶2，且在 400℃下焙烧 3h 时，所得催化剂具有最高的光催化活性，对亚甲基蓝的降解也是最快的。另外，一些学者对 SnO_2 核—壳结构进行了大量试验制备。吴诗德等采用溶胶—凝胶法制备了纳米 SiO_2 微球，并在其表面包覆了一层 SnO_2，结果发现，该种材料具有较好的电化学循环性能。王卫伟用 α-Fe_2O_3 纳米粒子作为前驱物，以 $SnCl_4$ 和 $NaOH$ 作为反应试剂，通过简单的水热法制备了 SnO_2/α-Fe_2O_3 纳米复合材料，SnO_2/α-Fe_2O_3 纳米复合材料形成了以 α-Fe_2O_3 纳米粒子为中心，直径约为 20nm 的 SnO_2 纳米棒向四周辐射生长的形貌。

SiO_2 具有良好的吸附性，不需要进行表面修饰即可使 Ti 源在其表面成核，所以被广泛地应用于核包 TiO_2 复合光催化剂的制备。目前，普遍采用的制备方法是以钛醇盐为 Ti 源，采用溶胶—凝胶法或微乳液法制备 SiO_2-TiO_2 核—壳型复合材料。Choi 等以 SiO_2 为核，使 $TiCl_4$ 在冰水浴冷却下形成水合离子，加入 HCl 和氨水调节 pH 值，成功制备 TiO_2 包覆层，包覆层不连续且有少量团聚，包覆层厚度为几纳米到 30nm。Zhang K 等在 SiO_2-TiO_2 的基础上做了进一步改性研究，采用简单的溶胶—凝胶法合成了 SiO_2PS TiO_2 三层复合微球。

第三节　纳米光催化材料面临的机遇

半导体光催化作为解决世界能源短缺问题以及环境恶化问题的方法得到高度的关注。本节中指出了该领域最新的研究活动，特别强调光催化材料提供的科学技术可能性。通过调查探索合适的材料，优化其能量带配置的具体应用，并指出在未来的研究活动中应该注意的关键问题。

随着时代的发展，越来越恶劣的环境污染和能源匮乏现象威胁着人类的生存。在全球环境污染和能源危机日趋严重的今天，需要有效利用太阳能来治理污染的环境，目前这一举动已经引起各国的重视。为了美好社会的发展，创造无污染环境以及寻找新能源成为目前人类最紧迫也是最重要的任务。在众多可再生能源项目中，半导体光催化无疑是最受人们青睐的技术之一，光催化领域的问题和研究俨然成为目前讨论的热点。因此，需要加大对光催化的研究力度从而提高光催化的性能，使其更好地应用于人类生活，由于光催化剂对环境的清洁有很大的作用，并且现在各国对这方面研究很广泛，因此，这种光催化材料会是 21 世纪的新型材料产品之一。

一、半导体光催化的机制

半导体光催化剂大多是 n 型半导体材料，都具有区别于金属或绝缘物质的特别的能带结构，即价带和导带之间存在的一个禁带。光催化是在一定波长光照条件下，半导体材料发生载流子的分离，然后光生电子和空穴再与离子或分子结合成具有氧化性或还原性的活性自由基。这种活性自由基能将有机物大分子降解为二氧化碳或其他小分子有机物以及水，在反应过程中，这种半导体材料也就是光催化剂本身不发生变化。简短地说，以半导体光催化为基础，在照射半导体的存在下改变氧化还原反应的过程被称为光催化。在半导体中，导带电子充当还原剂的角色，价带孔表现出强烈的氧化能力。

（一）光催化材料的历史

早在 20 世纪 70 年代，光催化起源于基础的纳米技术，我国通常用光触媒这个词语来称呼光催化剂，绿色植物中的叶绿素就存在着天然的光催化剂。在绿色植物中，存在很常见的光合作用，光合作用的原理是将空气中二氧化碳和水结合，最终转化为氧气和水，光合作用可以有效地将环境中的有害物质分解掉，很明显这有利于环境的可持续发展，由于资源短缺以及环境恶化的严重问题，对这一领域已有很广泛的研究，比如：二氧化钛光催化技术可以有效分解空气中的甲醛、苯等有毒有害气体，效果持久，而且产品的原料二氧化钛可以做食品添加剂，对人体安全无害。科学家对 TiO_2 光催化有很长的研究历史，但是以前只是关注其基本原理，如何增快效率，扩大应用范围等。目前发现 TiO_2 光催化还有许多其他用途如废水的消毒，超亲水自清洁和有机燃料的合成。光催化净化技术具有室温深度氧，二次污染小，运行成本低和渴望利用太阳光为反应光源等优点，但遗憾的是，TiO_2 不适用于所有用途，尤其是在太阳光催化过程中表现不太好。

（二）主要挑战和机遇

纳米级结构材料简称纳米材料，具体是指其结构单元尺寸在 1 纳米至 100 纳米。物质的结构决定性质，由于尺寸和电子的相干长度很相似，所以，性质也发生了很大的变化，目前，纳米材料已成为最具有创新性的光催化剂。由于纳米材料具有表面积大、表面态丰富且易于建模等优点，所以对于光催化是非常有帮助的。此外，纳米材料的用途也很广泛，例如，纳米技术在医药上的使用，使生产的药品越来越精细，并在纳米材料的尺度上直接利用原子、分子的排布制造具有特定功能的药品。另外，还有在家电方面的应用，某些塑料是由纳米材料构成的，它们具有抗菌、除味、防腐、抗紫外线等作用，由此可见，纳米材料在人们日常生活中应用很广泛，为了适应时代进步，不仅要扩大纳米材料的用途，同时还要不断地提高纳米材料的效率，尤其是在太阳能光催化这一过程中。所以新型半导体材料的识别和设计是极其重要的。

二、能带工程

按照量子力学的理论，由于物质内原子间靠得很近，彼此的能级会互相影响，而使原子能级展宽成一个个能带，能带间的间隔称为带隙或者禁带，禁带中是不允许有电子存在的，一般带隙较大的物质被称为绝缘体，而带隙较小的物质被称为半导体，可见，半导体介于导体和绝缘体之间的，其特殊导电性是由它的能带结构决定的。半导体的能带结构在光吸收方面以及确定氧化还原电位方面产生深远的影响。因此，能带工程是发现可见光光敏催化剂的重要途径之一。为了让光的吸收范围扩大到可见光区，两种方法已被广泛使用：价带的调制和导带的调整。

（一）价带调制

为考虑材料的稳定性，通过提高价带的水平来缩小带隙这一方法优先于其他所有方法。所以，常常通过调节价带的水平来改善材料的性能。过去，科学家一直致力于探索调制价带水平的方法，其中有三种可行的方法：有与 3d 过渡元素的掺杂，掺杂具有 d10 或 d10s2 结构的阳离子和非金属元素的掺杂。原始带结构的理论研究说明，随着掺杂剂原子序数的增加，局部的 3d 水平将转移到较低的能量区域。如果考虑不同的化学价态和自旋态这两个因素，那么电子结构将会变得更加复杂。例如 Ag^+，Pb^{2+}，在这些氧化物中，具有 d10 和 d10s2 电子构型的阳离子可以进入占领 d 或 s 状态到价带中。这些 d/s 态与 O2p 状态的杂交有助于价带顶部的上移，导致带隙变窄，从而达到研究目的。

（二）导带调整

一般来说，价带的调制都是高效且具有优先级的，但导带的水平与减少 H_2O 和

O_2 的能力也是密切相关的，因此对于导带水平的调节也应备受关注。更重要的是导带的水平决定了这些反应是否能够继续，以及这些过程的效率高低。这些因素也是很重要的，所以说导带的调整是极其重要的。具有 d10 状态的 p 区阳离子也可以操纵导带的水平。此外研究人员发现另一种来操纵 CB 最小值的方法是基于用 d0 状态的 d 区阳离子取代。

三、形态控制

纳米半导体材料作为光催化剂的出现，为光催化效率的提高提供了许多途径，从而展现更多的应用价值。通常情况下，降低颗粒尺寸一般是有利于表面依赖光催化的，然而，情况并非总是这样，假如存在特征尺寸，尤其是圆形颗粒，量子限制效应，增加了光生电子空穴复合的可能性。所以，对于特殊情况，应着重注意。

（一）一维纳米结构

纳米结构是按照一定规律构筑或组装一种新的体系，它包括一维的、二维的、三维的体系，这些物质单元包括纳米微粒、稳定的团簇或人造超原子。下面简单研究一维纳米结构对光催化性能的影响，一维纳米结构由于其独特的电子、光学和化学性质，已引起研究者相当大的兴趣，这些性质是由材料的大小和形态决定的，例如，增加纵横比一般会导致活性增强。典型的例子有一维纳米结构的 CdS、ZnO 和 GaN，一维纳米结构因对光催化性能有协同效应而备受关注。

（二）面控半导体材料

考虑到半导体表面的光催化反应，在确定的光催化反应活性和效率时暴露的晶体发挥着关键作用。因此，单晶的合成与暴露的高活性方面吸引了科学家很大的兴趣；通过以往的研究总结出需要注意的是，片状微晶分子具有极高的二维各向异性可以提供表面上的反应活位点的比率为 100%，由于大面积的非化学计量的表面，它们也展示了良好的承载性能。

（三）分层复合纳米结构

光催化过程可以看作处理光电转换的一系列子任务的系统工程，主要包括表面/界面催化和光催化剂的再循环。这种观点表明了要制造先进光催化材料要以分层复合纳米结构的设计理念为基础。许多试验已在半导体金属或半导体复合分层纳米结构开展，以促进电荷整流和改善载波。

四、理论研究

光催化现象在电子结构计算方面和分子动力学模拟方面得到了高度的重视，其反应包括三个步骤：光激发产生的电子空穴对；载流子转移到表面；表面化学反应。之所以第一个过程是带隙工程，是因为当入射光子能量高于光催化剂的带隙时可以产生光生载流子。所以，科学家致力于探索具有合适带结构的半导体。第二个过程利用最小化来改变缺陷浓度。确定了间接带隙对载波的分离是很有效的。第三个过程是分子动力学模拟揭示化学反应途径。因此，发展计算方法对于光催化过程的透彻理解是极其重要的。

（一）掺杂

半导体的常用掺杂技术主要有两种，即高温扩散和离子注入。掺杂的杂质有两类：第一类是提供载流子的受主杂质或施主杂质；第二类是产生复合中心的重金属杂质。通常采用将主材料与外来物质进行掺杂的方法来剪裁光催化剂的吸收边。科学家在阐释掺杂效应的密度泛函理论上耗费了大量时间和精力。经研究得知，氮是 TiO_2 最合适的掺杂剂，其他阴离子掺杂剂，如碳、硼、硫、磷和卤素原子的理论研究主要是调查其对带结构的影响。金属掺杂以提高可见光吸收也被重新审查。

（二）固体解决方案

固体溶液的合成是一个精确操作导带和价带水平的有效的方法，固体结构的电子结构理论对了解能量带结构的配置和每个元素的轨道做出了巨大贡献。AgAl1–xGaxO$_2$ 是多金属氧化物固溶体电子结构计算中一个很好的例子。为了确定 Al 和

Ga 在单元电池中的位置，几何优化参数法被使用于研究各种型号中的每一个化学成分，最终最稳定的模型终于被发现。通常使用剑桥系列总能量的方法计算这些模型对应的电子结构代码。

（三）表面能

表面能是在恒温、恒压、恒组成的情况下，可逆地增加物系表面积需对物质所做的非体积功。表面能的另一种定义是，表面粒子相对于内部粒子所多出的能量表面能，通常计算确定最稳定的表面取向。由于反应发生在表面，因此，表面的稳定性显著影响这种反应的效率。Ag_3PO_4 的发现完美地阐释了这个概念，光催化活性取决于表面取向。

本节探讨了半导体光催化反应的基本原理，掌握其性质，研究了半导体光催化领域的最新成果。目的是研究光催化材料的现状以及未来的发展。通过以往的研究，了解到光催化方面存在的主要问题，要想获得效率上的重大突破，需要对原子水平上的表面 / 界面过程有一个很好的理解，此外，理论材料的设计和光催化过程的模拟应被考虑在光生载流子的表面 / 界面反应之内。基于目前越来越恶劣的环境污染和能源匮乏现象，需要认真研读大量文献，掌握理论依据并且根据实验结果和以往科学家们的经验探讨出最有效的解决方案，根据半导体光催化的基本原理设计和制造优良的光催化材料，研究发展现状及其产业化的应用进程，分析解决该领域存在的问题，使其更好地融入人类的生活并服务于人类社会。为了社会美好可持续发展，会继续加大对光催化材料、能量带工程、纳米技术、先进的理论计算等方面的研究。

第四节　光催化材料的合成方法

随着人们对环境保护的关注，光催化材料成为研究的热点。寻求高性能的可见光光催化材料将是光催化技术进一步走向实用化的必然趋势。本节总结了光催化剂的常用合成方法：溶胶 – 凝胶法、水热或溶剂热法、高温固相法、静电纺丝法、微波合成法。

当前全球正面临着严重的环境污染，随着人们对环境保护意识的加强，光催化材料近年来成为材料学及催化科学研究的热点。因此，寻求高性能的可见光光催化材料将是光催化技术进一步走向实用化的必然趋势。光催化剂的常见合成方法如下：

一、溶胶-凝胶法

溶胶 – 凝胶法是指金属有机或无机化合物经过溶胶 – 凝胶化和热处理形成氧化物或其他固体化合物的方法。其过程：用液体化学试剂（或粉状试剂溶于溶剂）或溶胶为原料，在液态中均匀混合并进行反应，生成稳定且无沉淀的溶胶体系，后转变为凝胶，经脱水处理，在溶胶或凝胶状态下成型，再在略低于传统的温度下烧结。该法是将酯类化合物或金属醇盐溶于有机溶剂中，形成均一溶液，后加入其他组分，在一定温度下反应形成凝胶，最后经干燥处理制成产品。2008 年，刘守新等报道了 TiO_2/ 活性炭负载型光催化剂的溶胶 – 凝胶法合成及表征，以钛酸四丁酯为钛源，采用溶胶 – 凝胶法在多孔活性炭 (AC) 表面合成 TiO_2 前驱体，在氮气保护下程序升温处理制得 TiO_2/AC 负载型光催化剂。研究结果表明，适宜量的 AC 负载可显著提高 TiO_2 对有机稀溶液的光催化降解活性。

二、水热或溶剂热法

水热 / 溶剂热法是指在特制的密闭反应容器（高压釜）中，以水 / 有机溶剂或混合溶液作为反应介质，在一定温度（100℃ ~ 1000℃）和压强（1 ~ 100Mpa）的条件下利用溶液中物质的化学反应进行无机材料合成的一种有效方法。陈洪锋报道了水热法合成多种形貌 Bi_2WO_6 和 $Bi_2O_2CO_3$/Bi_2WO_6 光催化剂及可见光催化活性，采用可见光响应的 Bi_2WO_6 催化剂对其进行复合，采用水热法制备了不同摩尔比的 $Bi_2O_2CO_3$/Bi_2WO_6 复合光催化剂，详细讨论了光催化特性及影响因素。

三、高温固相法

这是一种最直接简单的合成方法，是指在高温条件下，固体界面间经过接触、反应、成核、晶体生长反应而生成一大批复合氧化物；该法在无机合成中应用的比较多，其主要应用于制备陶瓷材料和纳米粉体材料。2009 年，王其召报道了 $Bi_{1-x}Ln_xVO_4$(Ln=La，Sm，Nd，Gd，Eu，Dy，Y) 的制备、表征及光催化分解水性质的研究，其通过传统的高温固相法合成了一系列的 $Bi_{1-x}Ln_xVO_4$ 光催化剂，实验结果表明，这些光催化剂能够光催化分解水产氢，且产氢活性较好。

四、静电纺丝法

静电纺丝法 (简称电纺)。指将所用原材料均匀溶解在溶剂里面，然后通过加入聚乙烯吡咯烷酮 (PVP) 或聚乙烯醇 (PVA) 来调节溶液的黏度，得到一定黏度的均匀电纺溶液；然后将电纺溶液装入注射器，安装好电纺装置，通过高压电流将黏稠的溶液在静电力的作用下抽拉出来，在接收装置 (如锡箔纸) 上接收到丝状物质，此为静电纺丝初生纤维。初生纤维最后经过预煅烧、煅烧，得到我们所需的纤维状材料。2006 年，李从举等报道了 TiO_2 纳米纤维无纺布的制备及光催化性能研究，以 PVP 作为配位剂与钛酸正丁酯 $[Ti(C_4H_9O)_4]$ 反应制得前驱体，再以乙醇为溶剂，乙酸为催化剂，采用静电纺丝法制得 PVP/TiO_2 复合纳米纤维，并对其进行表征。而光降解苯酚水溶液的实验结果也表明这种 TiO_2 电纺纳米纤维具有良好的光催化性能。

五、微波加热法

近年来，微波加热技术在化学反应中的应用越来越广泛。目前已经开始使用微波辐射加热技术制备催化剂。与其他方法相比，微波辐射加热具有速度快、条件温和、效率高，纳米粒子比表面积大、粒径小、尺寸分布均匀等优点，对反应过程施加微波还能提高催化反应速率和产物选择性，所以，微波加热对于光催化剂的制备显得更有实际意义。2011 年，黄倩倩进行了秘系纳米光催化剂的制备、表征及光催化性能研究报道，论文的实验条件均是在微波辐射的基础上制备了纳米催化材料并研究其催化性能。

随着光催化材料成为研究的热点，人们不断地寻求高性能的可见光光催化材料，可以预见光催化剂的合成方法将不断被发掘和创新。

第二章 光催化材料的内容

第一节 TiO₂材料光催化

    TiO₂光催化材料以其环境友好这一优势成为当今世界的研究热门。如今 TiO₂ 材料早已普遍用于涂料制作、生活生产等诸多领域。但是，其自身在光反应中因存在团聚现象而大大降低了光的反应活性。因此，为了解决自身缺陷，更多研究者对其进行表面改性。研究发现，改性后的 TiO₂ 不仅自身无毒，还有优异的光催化活性，能有效避免团聚现象，降低催化成本，并且拓展了其应用。研究结果表明，在污水处理和大气污染方面，改性后的 TiO₂ 具有很高的催化活性，期待在以后的研究中可以有效解决存在的环境问题。

    近年来，随着建筑行业、涂料染料行业以及各种化学制品行业的兴起，环境问题日益凸显，加上人们对环境要求的提高以及倡导绿色产品的呼声越来越高，如何保证正常的生产和绿色环保之间的平衡变得刻不容缓。TiO₂ 是一种环境友好型半导体材料，具有高活性、高稳定性、无毒安全等优势，在现代污染控制领域得到了广泛应用，不仅可以在生产过程中做到无毒无害，满足人们对绿色环保的要求，而且可以广泛地应用于涂料、食品添加剂、化妆品等必不可少的行业。随着现代科学技术的进步，如何将 TiO₂ 光催化技术发展得更加完善成为当今世界研究的热点。

一、TiO₂材料光催化的研究背景

    20 世纪 70 年代，半导体光催化技术在各种因素的推动下诞生，并且以雨后春笋般的速度蓬勃发展起来。光催化技术在现代污染控制领域具有较好的发展前景，对于特定的污染物和污染体系的处理技术也实现了局部辅助处理的产业化。基于现

状，研究者发现，适合用作光催化的材料有很多，其中包括 TiO_2、ZnO 以及部分银盐等，但基本都有一个缺点：存在损耗，而且大部分对人体都有一定的毒害。研究结果显示，TiO_2 是所知的最有应用价值的光催化材料。所以，研究者对 TiO_2 用作光催化材料进行了大量的研究。

二、TiO_2 材料自身的研究与发展

（一）单一 TiO_2 材料的研究

纳米 TiO_2 是一种新兴高性能材料，通常为白色疏松粉末的形态，其粒子尺寸在 $1 \sim 100$ nm，与常规材料相比具有非常好的性能，因此，在现代社会中有着十分广泛的应用。TiO_2 存在金红石、锐钛矿和板钛矿三种形态。

作为环境友好型半导体材料，TiO_2 不仅具有绿色安全、无毒无害、稳定性高以及催化性能好等优点，而且能够被广泛地用于解决当今刻不容缓的环境问题，是当今世界研究的热点。虽然 TiO_2 作为光催化剂优点很多，但其在实践中存在两面性，比如，在光降解过程中团聚现象较为严重、对光的利用率不高以及回收和分离困难等。为了让 TiO_2 光催化材料能够广泛地应用在各个方面，发挥出特有的环境友好型半导体材料的优势，研究者在 TiO_2 光催化材料的基础上对其进行表面改性以及负载等，并取得了很好的研究成果。

（二）表面改性的 TiO_2 材料的研究

TiO_2 具有很高的化学稳定性、原料易得且无毒等优点，被广泛地应用于各行各业，但纳米级别的 TiO_2 在光降解过程中团聚现象比较严重，而且容易在阳光照射或者紫外线照射的情况下失活，从而导致对光的利用效率较低。各国研究者针对此情况进行了大量实验得出，在 TiO_2 材料使用之前，对其进行表面改性会得到很好的效果。

TiO_2 的表面改性方法大体上可以分为无机表面改性和有机表面改性。无机表面改性主要包括无机化合物包覆、离子掺杂法、金属沉积法和强酸修饰法，有机表面

改性主要包括偶联剂法、表面活性剂法、有机聚合物包覆法、光敏化法以及高能量表面处理法。

经过表面改性后的 TiO_2 光催化材料不仅突出了良好的化学稳定性、较高的活性以及无毒无害等优点，而且降低了光催化的成本，使光催化反应扩展到可见光条件下，同时不影响其紫外光谱条件下的催化活性，提高了材料对可见光的整体利用率，还可以有效减少纳米 TiO_2 团聚现象的发生，提高 TiO_2 的分散性能、增加比表面积。经过改性后的 TiO_2 材料大大提高了使用效率，如何更好地对其进行改性成为研究者感兴趣的话题之一。

（三）负载型 TiO_2 材料的研究

鉴于 TiO_2 光催化材料的广泛应用及存在的优缺点，单进行表面改性虽然能解决 TiO_2 团聚问题和整体利用率较低的问题，但 TiO_2 作为一种催化剂，其在反应之后存在分离和回收困难的问题。针对这一现状，各国研究者又提出负载型 TiO_2，从而满足各行各业生产对 TiO_2 的需求。

目前，常用的 TiO_2 光催化剂载体主要有玻璃类、陶瓷类、吸附剂类和金属类。

经过改进后的负载型 TiO_2 光催化材料，密度较之前小，甚至可以 $< 1.0\ g/cm^3$，研究表明，修饰后的 TiO_2 材料漂浮在水面上，有利于回收和分离，并且可以增加催化剂的使用寿命。虽然经过改进后的负载型 TiO_2 可以有效地改善催化剂的分离与回收问题，但是负载型 TiO_2 的光催化性能都会有一定程度的下降，因此，找到既能实现催化剂固载化，又能保持原来光催化性能不下降的方法是当前重要的研究方向。

三、TiO_2 材料光催化的应用领域

（一）TiO_2 光催化在污水污染方面的应用

近年来，随着纺织行业以及化妆品行业的发展，由于各种染料用水、个人护理用水和生产用水等产生大量废水并被排放到河流中，对人们的身体健康以及生活质

量产生了严重的威胁。人们尤为重视水污染问题，但是如今传统的处理方法并不能很好地解决日益严重的水污染问题，近年来，用半导体光催化技术处理废水的方法被提出。

半导体光催化技术可以用来处理水中的无机污染物以及有机污染物。水中的无机污染物不仅会引起水体污染，还会通过食物链传递到人体内，有机污染物以毒性和使水中溶解氧减少的形式对生态系统产生影响，危害人体健康。在降解过程中，可以在明确水位的同时设置可靠的填充性反应介质，拦截污染羽状体，污染羽状体经过反应介质区时可以和反应介质充分接触，地下水中的污染物可以和反应区内的介质发生物理、生物和化学反应，经过降解作用将污染物去除，保证污染物的质量浓度降低到质量标准内。为了将 TiO_2 光催化技术更好地应用于水污染处理，完善 TiO_2 光催化材料成为当今研究者的重要任务。

（二）TiO_2 光催化在大气污染方面的应用

伴随着经济的快速发展，环境问题无法避免，各行各业的迅速发展导致空气质量差、雾霾严重以及道路可见度低等问题。TiO_2 作为一种半导体光催化剂，有易回收、不产生二次污染的环保安全特性，故而在大气污染的防控和治理中有着广泛的应用前景。

21 世纪，人们面临的最严峻的环境问题之一便是温室效应，而造成温室效应的一个主要因素就是机动车尾气的排放。针对如今越来越不可控的大气污染问题，各国研究者也提出了研究对策。目前，贵金属三相催化剂是处理汽车尾气的主要方法，该方法虽然有很高的催化转化效率，但是也存在成本较高、有毒性等缺点。新型的 TiO_2 光催化技术能够有效地降解汽车尾气中的主要污染物，是一种有着广泛应用前景的汽车尾气处理技术，比如，TiO_2 光催化技术已被用来降低空气中的 NO 质量浓度，不仅能够很好地降解大气中的大部分有害污染物，而且还具有成本较低、不会产生二次污染以及无毒无害的优点。TiO_2 光催化技术在处理大气污染方面的应用正在快速发展，希望有一天可以应用此项无毒无害的技术解决当今世界所共同面对的大气污染问题。

TiO$_2$ 光催化材料凭借着自身的高活性、高稳定性、原料易得且廉价、较高的可塑性以及绿色环保优势，在人们对绿色环保要求更加严格的情况下，在光催化材料中脱颖而出。不仅本身具有无毒无害、稳定性好、活性高等优点，还被广泛地应用于各个领域，备受关注。如何将 TiO$_2$ 材料更好地应用于污染物降解已经成为当今世界的研究热点。展望未来，基于 TiO$_2$ 的研究将会持续进行下去，并且逐渐满足人们的需求，发展前景光明。

第二节 可见光驱动型光催化材料

作为一种高级氧化技术，光催化氧化在有机物降解、水质改善等方面具有广阔的应用前景。光源是光催化技术应用的限制性因素，基于可见光的催化氧化是光催化技术发展的重要方向。针对光催化反应中存在的可见光利用率低、光生电子空穴易于复合、能量消耗大等不足，通过对催化材料的改性可提升催化体系在可见光驱动下的光催化效率。本节综述了基于可见光驱动的光催化材料的改性措施及应用，展望了可见光驱动的光催化技术在水处理领域的研究方向。

随着社会的进步和工业的发展，人类在获得巨大经济效益的同时，环境污染和资源短缺已经严重制约了社会的发展。近年来，人类在工业废水、地表水、地下水中发现了多氯联苯、多环芳烃、杂环类等多类有毒有机持久性难降解污染物，大多具有毒性、致癌致畸等危害。有研究指出，自然水体中的有机污染物大部分源自污水处理厂，表明吸附过滤、活性污泥法等传统污水处理工艺存在不足，因此，迫切需要一种高效的降解有机污染物的方法。1972 年，A.Fujishima 等在 *Nature* 杂志上发表了 n 型半导体 TiO$_2$ 电极光解水的报道，之后以半导体材料和光能为基础的半导体光催化技术受到科研人员的广泛关注，半导体光催化技术在水处理领域展现出巨大的研究潜力和重要的研究价值，尤其是基于可见光的光催化材料研究及应用备受重视。

本研究综述了可见光驱动下光催化材料的改性及应用，以期为可见光条件下光催化技术在水环境治理领域的研究提供新思路。

一、光催化机理及传统光催化材料

（一）光催化机理

光催化技术是以光作为能源激发某种物质产生催化活性的一种技术，在水体污染治理方面有广阔的应用前景。以半导体材料 TiO_2 为例，其光催化机理：TiO_2 具有特殊的能带结构，由一个充满电子的低能价带（VB）和一个高能导带（CB）组成，并在价带和导带之间存在禁带宽度（Eg）。用能量大于或等于禁带宽度的光照射 TiO_2 时，价带上的电子受到激发跃迁到导带形成导带电子（e^-），同时在价带上留下空穴（h^+），在 TiO_2 内部形成电子空穴对。半导体的不连续性，致使电子空穴对存在一定的寿命，有利于电子空穴对在电场作用下迁移到半导体粒子表面。光生空穴具有很强的氧化性，易于将附着在粒子表面的 OH^- 和 H_2O 氧化成更具氧化性的 $\cdot OH$，直接将大多数污染物矿化为 CO_2 和 H_2O 等简单无机物。此外，导带电子也能够与 O_2 反应生成 $HO_2 \cdot$ 和 $O_2 \cdot$ 等活性氧类自由基，参与污染物的矿化反应。

（二）传统光催化材料

半导体材料 TiO_2、SnO_2、ZnO、ZnS 的禁带宽度相对较大，需要相对较高能量的紫外光方能实现对价带电子的激发；相比而言，CdS、Bi_2WO_6、$g-C_3N_4$、$BiVO_4$ 的禁带宽度较窄，激发价带电子所需光的能量相对较小，紫外光及部分的可见光均可用于由这几种半导体材料构成的光催化氧化体系。

二、基于可见光利用的光催化材料改性

传统理论认为，光催化材料在紫外光下能表现出良好的光催化活性，但是尚不能大规模地投入实际应用，主要原因在于以下两个方面：

（1）对可见光的利用率低。单纯的 TiO_2、ZnO 等半导体材料由于禁带宽度较大仅能利用可见光中波长小于 400 nm 的紫外光，即使是带隙宽度相对较窄的 CdS、Bi_2WO_6、$g-C_3N_4$、$BiVO_4$ 等半导体材料也仅仅利用了少部分可见光。紫外光在太阳

光总能量中占比约为 5%，而可见光能量占比约为 50%，致使光催化技术应用到实际时需使用大量的人工紫外光源，额外增加了能源成本，严重限制了其大规模的实际应用。

（2）光生电子空穴易复合。光催化材料受光激发生成的电子与空穴复合概率高，降低光催化活性，半导体中受激发生成的自由电子带有一定的能量，待能量耗尽，电子将与空穴重组，达到最低的能量层级，从而失去活性。不同的半导体电子空穴对的寿命不同，其中 $g-C_3N_4$、CdS 等的光生载流子寿命较短，电子空穴复合概率高于 TiO_2、ZnO 等大禁带宽度半导体，从而导致可见光催化活性并不理想。因此，有必要对现有光催化材料进行改性，目前常用的贵金属沉积、复合半导体、掺杂金属或非金属元素以及光敏化可以有效地改善传统半导体的能级结构，缩小禁带宽度，拓宽可见光吸收范围，以提升可见光利用率、提高催化活性。此外，通过对光催化材料接枝共轭聚合物或复合磁性材料也可达到良好的改性效果。

（一）TiO_2 光催化材料

A.Fujishima 等发现了 TiO_2 电极光解水，为金属半导体光催化的研究奠定了基础。经研究发现，TiO_2 实际能够利用的只有 5% 的太阳光谱的紫外光区，且 TiO_2 的电子空穴对较易于复合，限制了其在水处理中的实际应用。但由于其无毒、稳定、催化活性高和相对廉价的特点，自发现至今，TiO_2 的改性及应用仍是目前的研究热点。TiO_2 在可见光利用中最明显的缺点是禁带宽度大，需要波长更短、能量更高的紫外光照射后才能产生激发效果。目前，针对 TiO_2 利用可见光不足的缺点，常用的改性措施主要有复合半导体、负载贵金属、接枝共轭聚合物。

1. 复合半导体

复合窄带隙半导体能够有效地改善 TiO_2 的能级结构，缩短带隙宽度，使 TiO_2 产生可见光催化活性，将光响应范围拓展至可见光区，提高催化活性。

L.Yang 等利用光敏化技术合成了 $D35-TiO_2/g-C_3N_4$ 复合光催化剂，并且协同过硫酸盐（PS）对咖啡因、苯酚、对乙酰氨基酚、亚甲基蓝（MB）等典型微污染物表现出了良好的降解效果。D35 具有与半导体类似的能带结构，并且与 $g-C_3N_4$ 均能够有效响应可见光。在可见光激发下，D35 与 g-C$_3$N$_4$ 产生电子空穴的分离，D35 的 LUMO 能级电子与 g-C$_3$N$_4$ 的导带电子转移到 TiO$_2$ 导带，将 S$_2$O$_8^{2-}$ 和 O$_2$ 还原为 SO$^{4\cdot-}$ 和 O$^{2\cdot-}$，从而进一步生成了·OH 对污染物进行降解。徐元盛等利用水热法制备了 TiO$_2$/CdS 分子筛复合材料。在可见光照射下，复合材料对 MB 的降解效果优于 TiO$_2$ 分子筛和 CdS 分子筛，复合材料中 TiO$_2$ 与 CdS 形成了能级匹配结构，拓宽了可见光吸收范围。

2. 负载贵金属

负载贵金属能够捕获 TiO$_2$ 导带的电子，抑制载流子的重组，缩短带隙宽度，提高 TiO$_2$ 的光催化活性。C.Surya 等利用生物还原法制备以 TiO$_2$ 为载体的 CS（木香叶提取物）-Pt-TiO$_2$ 纳米复合材料，该种材料优点在于利用植物提取物合成 CS-Pt 纳米材料。光致发光测试结果表明，CS-Pt 的负载缩小了 TiO$_2$ 禁带宽度的同时减少了光生电子空穴的复合概率，对偶氮染料萘酚蓝黑（NBB）表现出显著的可见光催化活性。欧阳琴等通过光沉积法将 Ag 负载于 TiO$_2$，在可见光下对罗丹明 B（RhB）表现出良好的降解效果，Ag 的掺杂缩小了 TiO$_2$ 的禁带宽度，抑制了光生电子空穴的复合。

3. 接枝共轭聚合物

接枝共轭聚合物是一种新兴的 TiO$_2$ 改性方法。相对于传统的改性措施，该方法利用了共轭聚合物类似于传统无机半导体的能带结构以及良好的可见光吸收特性，拓宽了 TiO$_2$ 的可见光吸收范围，提高了光催化活性。Songtao Li 等合成了一种降解后的聚乙烯醇（PVA）包裹的 TiO$_2$ 纳米粒子（TiO$_2$@D-PVA）。在可见光照射下，TiO$_2$@D-PVA 的光催化活性是普通 P25 纳米粒子的 25 倍。Ti—O—C 键以及 PVA 的共轭结构促进了 D-PVA 与 TiO$_2$ 的电子转移，提高了可见光催化活性。L.Yang 等以吡咯并吡咯二酮（DPP）和 t-丁氧基羰基（t-Boc）修饰的咔唑（Car）为载体，通过聚缩反应合成了具有 D-A（供体-受体）结构的共轭聚合物，与 TiO$_2$ 耦合制成的 DPP-Car/TiO$_2$，在可见光下有较宽的吸收范围（300 ~ 1 000 nm）。

（二）铋基光催化材料

近年来，铋基金属氧化物 Bi_2WO_6、$BiVO_4$、Bi_2MoO_6、$Bi_4Ti_3O_{12}$、$Bi_2Fe_4O_9$、$BiOX$（X=Cl、Br、I）等由于其强电荷转移效率、光催化效率优异，在光催化领域受到众多科研人员的重视。铋基氧化物可利用可见光进行光催化反应，但是可见光的利用率较低，而且电子空穴对快速复合的缺点导致铋基光催化材料的催化活性并不理想。针对利用可见光进行光催化反应，但是可见光的利用率较低，而且电子空穴对快速复合的缺点，铋基光催化材料常用的改性方法有复合半导体、接枝共轭聚合物、复合磁性材料以及掺杂铋单质。

1.复合半导体

不同半导体材料间的复合改性是目前公认的铋基光催化材料改性方法。S.Jonjana 等采用沉积沉淀法将 AgBr 纳米球负载于 Bi_2WO_6 板上，合成了 $AgBr/Bi_2WO_6$ 纳米复合材料作为可见光驱动的光催化剂，在可见光照射 40 min 时，对罗丹明 B（RhB）的去除率达到了 99.83%。为了降解水体中的四环素（TC），K.Hu 等利用卟啉分子、rGO、Bi_2WO_6 合成了三元异质结可见光驱动的光催化剂。rGO 的掺杂使催化剂有了吸附性能并且抑制了光生电子空穴对的复合，该材料在可见光下照射 60 min 对 TC 的降解率达到了 83.6%。

2.接枝共轭聚合物

接枝共轭聚合物是提高铋基光催化材料的另一种有效方法。Jie Wang 等合成了聚苯胺（PANI）与 BiOCl 的复合材料，对 RhB 的降解效果优于纯 BiOCl、PANI、P25，PANI 对 BiOCl 的修饰促进了电子的转移，提高了可见光催化活性。Y.Xu 等成功地合成了 $PANI/Bi_2O_{17}Cl_2$ 复合材料，该材料表现出良好的可见光活性，主要是由于 PANI 拓宽了 $Bi_2O_{17}Cl_2$ 的可见光响应范围。

3.复合磁性材料

部分磁性材料与铋基氧化物复合能拓宽铋基氧化物的可见光催化活性。高生旺等利用简易的共沉淀法制备具有磁性的空心蜂窝状 $BiOI/Fe_3O_4$ 光催化剂，对 BPS（双酚 S）具有优异的降解效果，主要是由于与单一的 BiOI（p 型半导体）和 Fe_3O_4（n 型半导体）相比，两者复合形成了 p-n 异质结，促进了光生电子空穴的分离，使光催化活性得到了大幅提升，其次复合材料的介孔结构也有利于对 BPS 的吸附。李小娟等利用水热法合成了一种磁性 Bi_2WO_6-$NiFe_2O_4$ 光催化剂，该材料在可见光照射 2 h 时，对罗丹明 B 的降解率高达 98%，磁基体 $NiFe_2O_4$ 的添加提高了材料对可见光的吸收。

4. 掺杂铋单质

研究发现，半金属铋有不同于贵金属（如金、银、铂）的能带结构，允许电子在价带边缘以下的深层能级间跃迁，而且单质铋的等离子体共振也可能增加其光催化活性，这正是铋基金属氧化物具有良好光催化性能的主要原因。因此，掺杂单质铋可提高铋基光催化材料的活性，X.Zhang 等用原位还原法制成了 Bi_2WO_6-Bi 复合材料，通过对照，在可见光辐射下，Bi_2WO_6-Bi 对有机染料罗丹明 B 的降解速率是单一 Bi_2WO_6 的 2.4 倍，而且所制成的 Bi_2WO_6-Bi 复合材料与 Bi_2WO_6 有着高度匹配的晶格结构，铋的加入形成的异质结使材料光生电子空穴的复合概率下降，提高了光催化活性。Y.Li 等利用原位还原法制成了一种超晶格结构的 Bi/BiOCl 材料，在可见光照射 20 min 下，双酚 A 分子降解率达到了 91%，Bi 与 BiOCl 的结合晶体结构和样品中的超晶格结构促进了光生电子对的有效分离。

作为一种新型非金属半导体材料，$g-C_3N_4$ 具有低毒性、低成本、高稳定性、无污染以及带隙窄等优点，在环境污染治理、能源生产与存储、有机合成、传感器等领域的应用受到研究者的广泛关注。W.Wu 等发现了 $g-C_3N_4$ 具有良好的光解水性能。F.Dong 等合成的 $g-C_3N_4$ 光催化活性显著高于 C 掺杂的 TiO_2，但是这种材料也存在光催化活性不理想、可见光利用不足、光生电子空穴复合概率高等缺点，限制了其实际应用。因此，可对 $g-C_3N_4$ 进行改性。目前较为常见的改性方法有复合半导体、掺杂其他金属或非金属材料、复合磁性材料，也讨论了较为新兴的接枝共轭聚合物的改性方法。

复合能级相匹配的半导体材料，能够改善 $g-C_3N_4$ 的电子转移，同时非金属元素的掺杂能够捕获电子，减少电子空穴的复合概率，提高催化活性。M.Kang 等采用简便的一步碳化法制备了 $Fe_2O_3/C-g-C_3N_4$ 光催化剂，成功地在 Fe_2O_3 与 $g-C_3N_4$ 中加入了一层薄碳层，所制备的 $Fe_2O_3/C-g-C_3N_4$（FCg）催化剂呈 Z 型异质结构，大幅提高了对 RhB 的降解效率，是 $Fe_2O_3-g-C_3N_4$（Fg）催化剂催化效率的两倍。分析认为，两种催化剂载流子转移方式的不同是 FCg 光催化效率高于 Fg 的主要原因。Fg 中 Fe_2O_3 与 $g-C_3N_4$ 在光的照射下都会产生分离的电子空穴对，生成的空穴从 Fe_2O_3 的价带流向 $g-C_3N_4$ 的价带，同时生成的电子从 $g-C_3N_4$ 的导带流向 Fe_2O_3 的导带。与之不同，FCg 中电子从 Fe_2O_3 导带经碳夹层，流向 $g-C_3N_4$ 的价带，与 $g-C_3N_4$ 空穴复合，呈 Z 型路径。W.Liu 等采用简单的水热原位合成法合成了 $g-C_3N_4$ 薄层与 CeO_2 核－壳复合光催化剂，该材料具有较大的比表面积并且大幅减少了电子空穴的复合概率，在可见光辐射下对抗生素盐酸多西环素（DOX）的降解效率是单一 $g-C_3N_4$ 和 CeO_2 的 11.65 倍和 10.33 倍。J.Huang 等将 $g-C_3N_4$ 的框架中的 N 原子和部分 C 原子分别以 P、O 进行取代，制备了 P、O 共掺的石墨氮化碳材料，P 的掺杂促进了活性氧（ROS）的产生，提升了对氟喹诺酮类化合物（FQs）的光催化降解效率。

接枝共轭聚合物有利于调节 $g-C_3N_4$ 的内部电子结构，提高可见光响应，抑制光生电子空穴对的复合。D.Wang 等以普通聚乙烯（PVC）为前驱体制成了少量脱氢的 PVC 包裹的 $CPVC/g-C_3N_4$ 复合材料。研究结果表明，该复合材料的光催化活性显著高于纯 $g-C_3N_4$，并且共轭聚合物的复合大幅提高了材料的比表面积，有效促进了电子空穴的分离。H.Han 等用原位聚合法合成了聚吡咯（PPY）改性的石墨型氮化碳光催化剂（$PPY/g-C_3N_4$），在可见光下照射 2 h 后，对亚甲基蓝有 99% 的降解率。共轭聚合物 PPY 的添加调剂了 $g-C_3N_4$ 的内部电子结构，促进了 $g-C_3N_4$ 光生载流子的分离与迁移。

有研究表明，磁性材料的复合也有利于提高 $g-C_3N_4$ 的光催化活性。唐旭等将 PNIPAM（聚异丙基丙烯酰胺，一种热敏材料）和 Fe_3O_4 引入 $g-C_3N_4$ 的表面合成了 $PNIPAM/Fe_3O_4/g-C_3N_4$ 复合材料。该材料通过控制反应体系温度来改变其可光催化性能，对四环素具有较高的降解效果和稳定性。磁性材料 Fe_3O_4 的复合抑制了电子空穴对的快速复合，提高了可见光催化性能。G.Gebrehiwot 等采用一锅水热法合成了具有磁性的 g-C$_3$N$_4$/石墨烯/NiFe$_2$O$_4$（CGN）纳米复合材料。NiFe$_2$O$_4$ 的复合提高了材料对可见光的吸收，在可见光下对甲基橙有良好的降解效果。

TiO$_2$ 光催化材料、铋基光催化材料以及 g-C$_3$N$_4$ 光催化材料在光催化降解污染物方面具有良好的应用前景，在可见光利用领域取得了一定程度的发展。目前，现有的光催化材料对可见光的利用率较低、光催化氧化体系运行复杂，可见光光催化技术的研究仍处于实验室阶段，极大限制了其在水处理领域的推广应用，未来可重点从以下三个方面深入探索与研究。

（1）利用更有效的改性技术，更进一步拓宽光催化材料的可见光吸收范围。目前使用的掺杂技术和辅助材料可以提高可见光光催化活性，但是对可见光的利用率仍较低，还有大部分可见光区以及红外光驱未能得到有效利用，实际应用价值仍然有限，因此有必要进一步深入研究，提高对可见光的利用率，其对未来光催化技术的商业化具有重要意义。

（2）利用实际水体和自然太阳光对光催化材料进行效能评价。目前，有关光催化的文献报道多以氙灯、卤素灯等为代表的模拟太阳光源以及以亚甲基蓝、罗丹明 B、甲基橙、四环素、双酚 A 等特定污染物对光催化材料进行效能研究，相对于某一特定污染物类型的合成废水而言，实际污染水体中污染物种类多、污染状况复杂。另外，自然太阳光相对于模拟光源具有较多的不稳定因素，因此以实际水体、以自然太阳光为光源开展光催化材料评价并基于评价结果改进光催化技术，对于未来该技术在污染治理方面的商业化意义重大。

（3）光催化反应中间产物的评价研究。污染治理范畴中理想的光催化应为污染物彻底无害化。但由于光催化机理的复杂性、催化材料及环境因素的差异性，光催化反应效果各异，光催化中间产物研究有利于深入分析污染物光催化降解机理、评价光催化体系性能。

第三节 TiO$_2$/BN 吸附光催化材料

BN（氧化硼）以其良好的理化性质，在水污染处理过程中被广泛使用，但单个材料在使用过程中却存在着许许多多的缺陷，因此，将 TiO$_2$ 与 BN 复合制备 TiO$_2$/BN 吸附光催化材料，赋予其光催化与吸附协同作用，能有效地提高复合材料降解效率。光催化、吸附协同作用的研究发展，已成为近年来的研究热门，本节对 TiO$_2$/BN 吸附光催化材料的制备、应用性能等进行了综述，并提出了未来的发展方向以及会遇到的问题，以期能够对吸附光催化材料的深入发展给予帮助。

BN 纳米材料作为半导体吸附材料，虽然发现并被制备起步较早，但针对氮化硼作为吸附材料的研究并不是很多。比起传统的碳吸附材料，氮化硼材料具有良好的热稳定性及化学稳定性，即使在强腐蚀性、高温有氧的恶劣环境下，其性能的变化也特别小；并且氮化硼材料具有高比表面积、丰富的孔道结构，对水中污染物也表现出了良好的吸附性。氮化硼材料中化学键（B–N）为极性键，与非极性键（C–C）相比，对水中的有机污染物及金属离子具有更强的吸附性，因此，氮化硼材料在吸附、载体应用领域呈现出诱人的前景。半导体光催化材料 TiO$_2$ 由于其稳定性、耐酸碱性、无毒、易获得等特点被认为是最有前途的光催化剂，具有良好的氧化能力与催化性能；但传统光催化材料 TiO$_2$ 因其带隙较宽，对可见光的吸附仍有所限制，并且其在催化过程中还存在着电子与空穴易结合等问题，导致其光量子效率以及光催化效率较低，因此，为了克服纯 TiO$_2$ 光催化过程的缺点，将 TiO$_2$ 固定于多孔载体 BN 上，制备具有强吸附能力的光催化 TiO$_2$/BN 复合材料，利用多孔材料吸附性及光催化剂光降解的协同作用，使污染物在复合材料表面富集，使水体中的污染物更易去除。并且 BN 材料表面的负电性，能够促进光生空穴的转移，从而提高光催化能力，并改善光催化剂的有效回收，使 TiO$_2$/BN 吸附光催化复合材料具有较大的应用潜力。

一、TiO₂/BN吸附光催化复合材料的制备

近年来，因为水环境污染处理效率低下以及在处理过程中单个作用（光催化、吸附等）的限制，研究人员提出了制备具有光催化／吸附协同作用的吸附光催化复合材料，有效地提高了材料的处理效果。常见的制备方法有静电纺丝法、冰浴法、常温络合－控制水解法、溶胶－凝胶法等。

（一）静电纺丝法

Lu 等采用静电纺丝法合成了氮化硼纳米片包裹的二氧化钛纳米材料。纳米复合光催化剂的表征表明，氮化硼纳米片提高了光吸收，减少了光激发电荷载流子 (e^- 和 h^+) 的复合。并对复合光催化材料经过多种分析方法（高效液相色谱、紫外吸收、溶解有机碳、动力学模型等）进行分析，研究结果显示：TiO₂/BN 纳米复合材料对污染物布洛芬的吸附和光催化氧化均遵循一级动力学模型；光催化氧化速率随着纳米复合催化剂中氮化硼含量的增加而增加，并且阐述了布洛芬在复合材料中的氧化降解反应产物及机理。

（二）冰浴法

Bikramjeet Singh 等用冰浴法合成了具有高比表面积和大孔径的 TiO₂/BN 纳米复合材料，该复合材料中大孔（孔径约为 43.88A）有利于更大分子的移动以及有利于利用活性位点，并且高表面积的优势使该复合材料的催化性能得到了较大程度的改善。通过多种方法的表征，研究结果显示，TiO₂/BN 纳米复合材料对亚甲基蓝的降解率在 200min 时达到了 79%，高于纯 TiO₂ 的降解率（32%）；与此同时，该复合材料在使用过程中的可重复使用性得到了验证，因此该复合材料在实际环境净化应用方面具有良好的应用潜力。

（三）常温络合-控制水解法

李玲等首次使用制作工艺简单、环境污染少的常温络合－控制水解法，以四氯化钛、尿素、氨水、硼酸、有机羧酸为原料制备了 TiO₂/BN 光触媒液。通过 XRD、

EDS、XPS 等表征手段进行表征，其结果表明，当物质的量分数为 0.1%、回流时间为 10min、溶液 pH=3 时，光催化性能最好。并且动力学研究显示，其对酸性红 3R 染料的降解符合一级反应动力学。

（四）溶胶-凝胶法

Xing 等采用溶胶–凝胶法成功合成了不同硼氮添加顺序的硼氮化合物，多种方法表征后表明，BN 协同效应通过在共掺杂催化剂表面形成 Ti–B–N–Ti 和 Ti–N–B–O 结构而发挥作用，Ti–B–N–Ti 和 Ti–N–B–O 结构都有助于提高共掺杂催化剂在可见光和紫外光下的光活性，即比起 TiO_2 材料来说，TiO_2/BN 复合材料的光催化性能更强。

二、TiO_2/BN复合材料在水污染处理的应用

（一）复合材料对有机分子的处理

Liu 等合成了一种新型的 TiO_2/BN 复合纳米材料，并对其进行了有机污染分子降解实验，同时进行了复合材料的稳定、可回收性实验。研究结果表明，在多孔氮化硼纳米片和纳米二氧化钛颗粒的孔开口边缘的硼悬挂键之间形成新的 B–O–Ti 键合，这种高活性的结合使混合纳米材料能够响应从紫外到可见光（$\lambda > 420nm$）的波长范围，大大增强了有机分子降解的光催化效应（高达 99%）。此外，多孔氮化硼/二氧化钛混合纳米材料具有良好的循环稳定性，反应高达五个循环时，还保持着较高的可见光光催化活性（97%），具有良好的可回收性，这意味着此复合材料在污水处理及大规模实际应用中的潜力是巨大的。

（二）复合材料对水体中次甲基蓝染料的处理

刘栋等通过热解硼酸–三聚氰胺前驱体制备了具有较大比表面积和孔结构的多孔氮化硼纤维材料（PBN），并以其为载体采用溶胶–凝胶法合成制备了 TiO_2/BN 复合纳米材料，并利用 XRD、SEM、TEM 等表征了该吸附性光催化复合材料的结构和形貌，经过氮气吸附脱附对此复合材料的孔结构进行了研究，且对其光催化

性能进行了研究。研究结果证明，具有高表面积的 TiO_2/BN 复合材料的吸收波长约为 420nm，较纯 TiO_2 略有红移；在紫外光的照射下，60min 时对于次甲基蓝的降解率即可达到最高（88%），且高比表面积氮化硼载体的强吸附能力使 TiO_2/BN 催化剂具有良好的吸附去除率，如 TiO_2/BN 复合光催化剂在暗反应 2h 吸附移除率可达80.6%。此外，该复合材料在回收循环性能方面表现出了一定的潜力，即使经过四次循环实验，其光催化降解率仍能保持在 61.2%。

二氧化钛与氮化硼的复合材料对于含有污染物水体的处理具有很大的应用前景，目前 TiO_2/BN 吸附光催化复合材料的研究前景和亟待解决的问题主要有以下几个方面：

①虽然 TiO_2/BN 复合材料有了一定的发展，但目前复合材料的制备方法尚有一定的不足，科研人员在今后的研究中可以此为研究方法积极开发新的制备方法；②就目前的研究来看，TiO_2/BN 复合材料在光催化与吸附的协同作用下对于水体中污染物的处理表现出了良好的效果，但部分处理机理尚不明确，需要科研人员以此为方向取得更大的突破；③水体中的污染物多种多样，而目前大多数研究仅仅只针对该复合材料对于单一污染物处理的研究，在以后的工作中，应进一步研究探讨 TiO_2/BN 吸附光催化复合材料对于其他污染物及复合污染物的处理效果；④现有的实验成果都来自实验室中的静态试验，如果在条件允许的情况下，研究人员应在模拟真实环境条件下进行研究讨论 TiO_2/BN 复合材料的性能，从而为 TiO_2/BN 复合材料的应用提供指导性建议；⑤研究人员可以基于 TiO_2/BN 复合材料在水污染处理领域具有巨大应用前景下积极开发 TiO_2/BN 复合材料在其他领域内的应用，使之在多项领域中都有不容忽视的应用潜力。

第四节　铋基光催化材料

铋基光催化材料具有独特的层状结构、合适的带隙、可调的价导带位置，在环境与能源领域具有广阔的应用前景，是近年来被广泛研究的一类环境友好型新型光催化剂。本节介绍了铋基光催化材料的种类以及形貌调控构建异质结等结构调控方法，并总结了铋基光催化材料在污水处理及产氢等环境净化和能源转化领域的研究进展，最后对铋基光催化材料的未来进行了展望。

社会发展所带来的环境安全问题正逐渐成为全球面临的最大挑战之一，在我国，环境安全问题已经引起政府的高度关注。其中，水污染成为人类健康的首要威胁。如何实现高效且环境友好的净化成为人们亟待解决的难题。半导体光催化技术作为一种绿色环保技术，有着独特的优势：环保无毒，设备操作简单；半导体可塑性强；高效，无二次污染。大多数的光催化剂都是形貌、尺寸不一的纳米颗粒，催化氧化时产生的羟基自由基 ($\cdot$OH) 能够快速降解有机污染物，且产物多为 H_2O、CO_2 等，对环境友好。因此，利用光催化反应处理废水污染问题被视为具有广阔应用前景的绿色环境治理技术。

近年来，铋 (Bi) 基半导体因为独特的层状结构、形貌可控、合适的禁带宽度、更适合被可见光激发的特点发展成为一类独特的新型光催化材料。通过改变形貌、引入表面氧缺陷、暴露活性晶面、元素掺杂和表面修饰等离子体等都能够有效地提高铋基半导体催化剂的光催化活性，提高可见光利用率及有效回收用。

一、铋基光催化材料种类及调控方法

（一）氧化铋(Bi_2O_3)

氧化铋 (Bi_2O_3) 是最简单的铋基化合物，具有带隙窄、大量的氧空位、良好的光学导电性等优点。不同晶相的氧化铋禁带宽度分布较广，位于 $2 \sim 3.96$ eV，是一种可见光响应光催化剂。Bi_2O_3 主要有四种晶相，即单斜相 α-Bi_2O_3，带隙约为 2.8 eV，四方相 β-Bi_2O_3，带隙约为 2.4 eV，体心立方相 γ-Bi_2O_3 和面心立方相 δ-Bi_2O_3，其中 α-Bi_2O_3 是这几种结构中热力学最稳定的，四方相 β-Bi_2O_3 具有更好的可见光响应能力。单独使用 β-Bi_2O_3 作为光催化剂有两个主要缺点：一是光生电子和光生空穴容易复合，量子效率低；二是 β-Bi_2O_3 在反应过程中不稳定，当温度稍有变化，就会发生相变，从而导致 $(BiO)_2CO_3$ 的形成。氧化铋的亚稳相很不稳定，低温

下转变为 α 相，高温下转变为 δ 相，并且还可能进一步转化为 $(BiO)_2CO_3$，这种化学不稳定性是 Bi_2O_3 作为光催化剂应用的主要障碍。

基于此问题，研究者进行了不同的尝试，例如改变其形貌，构建异质结等。目前制备并报道的有零维的纳米颗粒、一维的纳米纤维、二维的纳米片和三维的纳米微球等。比如，Max 等制备了 5 ~ 16μm 的 α/β-Bi_2O_3 薄膜，在可见光下降解罗丹明 B 以外的污染物如雌二醇等，降解效率极高。Zhou 等使用模板制备方法，得到了花状 δ-Bi_2O_3，在可见光下对罗丹明 B 的降解研究，表明其催化活性为一般 Bi_2O_3 的 6 ~ 10 倍。Kong 等制得的中空花状微球 β-Bi_2O_3/BiOCl 异质结光催化剂在降解盐酸四环素方面表现出显著增强的可见光催化活性且光催化稳定性优异。

（二）硫化铋(Bi_2S_3)

Bi_2S_3 是一种 P 型半导体，禁带宽度在 1.7 eV 左右，接近太阳能电池的最佳吸收能带隙。Bi_2S_3 半导体可以将太阳光的吸收宽度扩展到近红外波段，具有很高的吸收系数，而且，它具有相对高的载流子迁移率，是一种理想的光吸收材料，缺点是光生载流子极易复合。Bi_2S_3 半导体催化剂可通过无氧和热注射技术制备一维纳米棒和二维纳米片，通过溶剂热法制备三维海胆球。

很多研究者将 Bi_2S_3 与其他半导体、铋基半导体光催化材料进行了复合，构建异质结，通过异质结可以延长光吸收范围，促进光生载流子的分离和迁移，提高催化剂的光催化活性。采用共沉淀法将 Bi_2S_3 纳米颗粒嵌在 BiOBr 多角形颗粒内，提高异质结界面上光电子空穴对的有效转移，在可见光光照 100 min 后，降解甲基橙的效率达 85%。水热合成法将 Bi_2S_3 纳米颗粒分散在 SnS_2 纳米薄片的表面和边缘，质量分数为 7.95% 的 $Bi_2S_3SnS_2$ 对甲基橙光照 250 min 降解率达到 99% 以上。

（三）钼酸铋(Bi_2MoO_6)

Bi_2MoO_6 是金相三元氧化物的一种，具有奥里维里斯 (Aurivillius) 层状结构，由中间的钙钛矿八面体和上下两层构成三明治结构。Bi_2MoO_6 的价带和导带由 Bi6p、O2p 和 Mo4d 杂化轨道组成，带隙为 2.63 eV，是适合于可见光激发的光催化剂。

其介电性能、离子导电性能和催化性能在铋基半导体中具有明显的优势。然而，纯 Bi_2MoO_6 的光吸收特性主要是在紫外光区，这只是太阳光谱的一小部分，太阳光的利用率有限。与此同时，它在光催化反应过程中会有较高的电子 – 空穴对复合率。研究证实，半导体光催化剂的形貌在光催化过程中起着至关重要的作用，因此，控制形貌等方法被用来改善 Bi_2MoO_6 的光催化性能。

为了进一步提高 Bi_2MoO_6 的光催化性能，已经进行了许多的研究，例如，改变形貌、离子掺杂、表面贵金属沉积和构建异质结。Bi_2MoO_6 具有多种已合成的形貌，其中分级的花状 Bi_2MoO_6 球体以其超强的光催化性能引起了人们的广泛关注。另有研究者将 Bi_2MoO_6 锚定在带有铂装饰的褶皱花状类石墨相氮化碳 ($g-C_3N_4$) 基底上，扩大了比表面积，光催化活性比纯的 Bi_2MoO_6 高出了 18 倍。

（四）钨酸铋(Bi_2WO_6)

Bi_2WO_6 作为 Aurivillius 中最简单的成员，在可见光照射下表现出良好的光催化性能，它的带隙为 2.77 eV。正交晶系 Bi_2WO_6 的制备方法简单，不仅带隙合适，而且形貌可控。但是 Bi_2WO_6 只能对波长小于 450 nm 的可见光做出响应，而紫外光只占太阳光的一小部分。与此同时，光生电子 – 空穴对的快速复合也极大地降低了 Bi_2WO_6 的光催化活性，这阻止了其进一步的大规模应用。

为了拓宽 Bi_2WO_6 的光吸收范围、促进光生载流子的分离，一般采用两种方法。一是元素掺杂，如 B、Gd、Ag、N、Ce、F 共掺杂；二是构建异质结，如 $g-C_3N_4$，C60，石墨烯，金属和各种半导体。Xie 等合成了具有强层间相互作用的层状 $\alpha-Fe_2O_3$/Bi_2WO_6 异质结，不仅促进了可见光吸收范围，而且降低了光生电子空穴对的复合率，催化降解甲苯的效率提高了三倍。Liu 等通过一步微波法合成的三维花状 Bi_2WO_6 催化甲基橙的性能显著提高。

（五）卤氧化铋(BiOX，X=F、Cl、Br、I)

卤氧化铋具有良好的光学性能，属于四方晶系。晶体结构是由 $(BiO)_2^{2+}$ 和双 X^- 离子层交错排列的高度各向异性层状结构，层与层之间主要靠范德华力结合。因为这种特殊的层状结构，当有光子照射产生电子－空穴对时，催化剂有足够的空间来极化相应的原子及其轨道，从而产生对应的偶极矩，偶极矩的产生则可以明显地降低光生电子－空穴对的复合效率。所以，BiOX 这种开放型的层状结构表现出了良好的光催化活性。BiOX 的价带一般由 O2p 和 Xnp(X=F、Cl、Br、I，分别对应于 n=2、3、4、5) 轨道参与构成，导带主要由 Bi6p 轨道参与组成。BiOF、BiOCl、BiOBr 和 BiOI 的带隙分别为 3.64、3.20、2.76 和 1.77 eV，说明带隙通常随着原子序数的增加而减小。BiOF、BiOCl 可以利用紫外光，而 BiOBr 和 BiOI 可以利用近红外光和可见光，因此，BiOBr 和 BiOI 由于其合适的带隙而经常被研究。

Garg 等通过简单的水解方法合成的新型绿色 BiOBr 纳米花，在可见光照射下，与普通 BiOBr 相比，纳米花对甲基橙和苯酚的降解率分别高了 23% 和 16%。Li 等通过一种新的铋金属－有机骨架 (铋 –BTC) 的卤化过程制备了一系列的层状 BiOX-(X=Cl、Br、I) 微片，可见光下罗丹明 B 降解实验表明，该催化剂具有良好的光催化活性和矿化性能，较宽的酸碱度范围内表现出良好的适应性，且性能稳定。

（六）磷酸铋($BiPO_4$)

水热法制备的 $BiPO_4$ 的带隙约为 3.85 eV，主要有三种晶体结构：独居石单斜 $BiPO_4$(nMBIP，P21/n)，六方 $BiPO_4$(HBIP，P3121)，单斜 $BiPO_4$(mMBIP，P21/m)。BiPO4 的局限性主要在于可见光下无活性。所以，研究者一方面将 $BiPO_4$ 与其他半导体耦合，通过中间能级的形成扩大光吸收范围；另一方面，构建异质结，使光生电荷载流子的复合速度降低，进而提高催化剂的催化活性。

Wang 等制备了一种具有三维分级结构、高结晶度、高羟基化的独居石 $BiPO_4$，不仅能有效降解空气中的苯，而且能完全分解水中的各种染料、染料混合物，如甲酚蓝、碱性品红、甲基橙、二甲酚橙等。Xia 等合成了磷酸铋 / 还原氧化石墨烯 / 质子化 g-C_3N_4($BiPO_4$/rGO/pg-C_3N_4) 光催化剂，通过模拟太阳光照射，证明该催化剂降解四环素的效率是 $BiPO_4$ 的 6.3 倍，异质结的构建加速了电荷分离、提高了氧化还原能力。

（七）钒酸铋(BiVO₄)

BiVO₄ 是三元氧化物半导体，具有单斜角闪岩、四方锆石和四方角闪岩三种晶相，不同晶型之间可以在一定条件下互相转化。其中单斜相的钒酸铋带隙为 2.4 eV，与其他两种晶相相比能够较好地吸收大部分的可见光，因此，在可见光催化方面具有非常好的应用前景。然而，由于 BiVO₄ 的比表面积相对较小、表面吸附能力弱等缺点，严重制约了其进一步的光催化应用。

为了提高 BiVO₄ 光催化剂的光催化性能，人们探索了许多方法，如结合金属氧化物、掺杂金属离子、控制纳米结构等。特别地，具有异质结构的光催化剂是增强光生电子 – 空穴分离的有效方法。Zhao 等通过原位水热法制备了 p-n 异质结光催化剂 n-BiVO₄@p-MoS₂，表现出较高的光催化还原 Cr^{6+} 和氧化活性，对满足环境要求具有重要意义。Sun 等用溶剂热法制备了基于 BiVO₄ 纳米片 / 还原氧化石墨烯的 2D-2D 异质结光催化系统，在可见光照射下对乙酰氨基酚的降解表现出更高的光催化活性，光致发光和光电流实验表明，复合材料的表观电子转移速率也更快。

二、铋基光催化材料的应用

（一）光催化降解水体污染物

水污染是环境污染的重要组成部分，将有毒物质或是染料等直接排放到水中会对水生生物造成危害，进而威胁人类自身。可见光或太阳光光催化氧化药品、染料等废水中有机污染物具有广阔的前景。在光催化过程中产生的超氧自由基对水中四环素、环丙沙星、甲基橙、甲基蓝等抗生素和染料的降解效率极高，且不会对环境造成二次污染。

铬是常见的水体污染物，会对人体造成极大的损害，合适的铋基光催化剂，例如具有足够负导带的 $Bi_{24}O_{31}Br_{10}$，吸附性能良好的 BiOCl 不仅可以还原水中的六价铬，同时还可以分解水产氢。

（二）光催化还原CO₂

在全球变暖的大趋势下，CO_2 被认为是造成温室效应的主要气体。研究表明，CO_2 可被光催化还原为太阳能燃料气体，无机半导体光敏剂与分子催化剂结合的混合体系可以高效地实现这一过程。例如，通过增加 BiOBr 的暴露晶面，进而增加了 CO_2 的表面吸附位点，能够促进 CO_2 的活化，大大提升了 CO 的产生速率。Li 等将 CdS/Bi_2S_3 异质结构用作光敏剂与四 (4- 羧基苯基) 卟啉氯化铁 (Ⅲ)(FeTCPP) 分子催化剂混合，该混合体系表现出 8.2 倍的 CO 产率 [1.93 mmol/(g·h)] 和 1.7 倍的 H_2 产率 [6.08 mmol/(g·h)]。

（三）光催化净化NO$_x$及固氮

室内较低浓度的 NO_x 气体的去除也可以利用铋基光催化材料。如 Br 掺杂的 Bi/Bi_2MoO_6、$SrTiO_3/BiOI$，Bi 沉积的 $Pd/Pd^{2+}/(BiO)_2CO_3$ 等均表现出净化室内空气污染物 NOx 的性能，增强的性能可能归因于增加的可见光利用，促进由良好匹配的能带结构引起的电荷分离等。

尽管氮气含量占地球大气的 78%，但是不能直接被生物利用，而是需要转化为固定氮，氨 (NH_3) 被证明是储存太阳能的可靠媒介，而传统工业将氮气转化为氨需要高温高压的条件。研究发现，光催化可以在温和条件下实现这一过程。例如，卤氧化铋由于其氧空位的存在，在光催化过程中，可以活化吸附的氮气的 N≡N 键。虽然 N_2 分子很难化学吸附在贵金属表面，限制了固氮活性的提升。但是，大多数半导体如铋基光催化剂都存在表面活性位点，为 N_2 的化学吸附和活化提供了更多可能。因此，铋基半导体材料是提高光催化固氮活性的一条可行途径。

（四）光催化产氢

光催化使水分解成清洁代用燃料氢是一种高效、绿色的产氢方式，是能源领域的研究热点。Lakshmana 等用湿浸渍法固定锐钛矿型 TiO_2 纳米结构上的 Bi_2O_3 团簇实现了 26.02 mmol/(h·g) 产氢效率，该活性在五个周期循环测试后仍可重复。Cao 等用溶剂热法合成了 $Bi/Bi_2MoO_6/TiO_2$ 纳米管光催化剂，不仅具有良好的光催化性能，

而且产氢率达到 $173.41 \mu mol \cdot h^{-1} \cdot cm^{-2}$。

铋基光催化材料是一种优异的能对可见光响应的环境友好型光催化剂，能极大地提高太阳光利用率，成本低廉，制备简单，因此，在未来大规模的工业化应用中具有广阔的前景。本节综述了氧化铋、硫化铋、钼酸铋、钨酸铋、卤氧化铋、磷酸铋、钒酸铋等铋基光催化材料的种类及控制形貌、构建异质结等结构调控方法，从增加可见光吸收范围和改变带隙及价导带位置等角度改善铋基光催化材料的性能。总结了铋基光催化材料在水处理、还原 CO_2、光催化净化 NO_x 及固氮、光催化产氢等环境能源领域的应用研究进展，虽然目前的技术已经将铋基光催化剂性能提升到了一个新的高度，但是距离实际应用依然面临很多挑战。

虽然铋基光催化剂具有良好的可见光催化性能，但是目前的研究尚未扩展至实际应用，比如，在太阳光照射条件下的催化净化污染物性能很少被探究或产业化应用等。

第五节　MoS_2 环境能源光催化材料

MoS_2 材料具有合适的能带间隙，适用于可见光激发降解环境修复、分解水制氢的光催化剂材料，引起了广泛的研究关注。传统的 MoS_2 材料的光生电子–空穴对复合快，活性边缘位点的数量有限，光催化剂的分离和回收困难。因此，目前很多研究聚焦于通过调控结构、组成，以增强光催化活性，以及从反应介质中分离光催化剂的方法。本节对基于 MoS_2 的光催化剂的改性及在各种光催化应用中的最新发展进行了综述。

清洁能源和污染降解是未来发展急需的技术。半导体光催化材料可利用太阳能进行光催化降解污染物及光催化制氢，具有能耗低、效率高、化学稳定性好等优点，作为一种环境友好、成本效益高的技术，引起了人们的广泛关注。光分解水产生 H_2 具有解决能源和环境问题的潜力。传统的 TiO_2 的宽带隙大于 3.0 eV，只能在紫外光下显示出催化活性，太阳光的利用率相对较低 (约 3%)。研发更有效的、具有快速电子－空穴分离和可见光响应、能够充分地利用太阳能的光催化剂势在必行。

具有合适带隙 (1.2 ~ 1.8 eV) 的二硫化钼 (MoS$_2$，过渡金属硫化物)，作为 p 型、二维和层状结构半导体，对包括可见光在内的太阳光具有很强的吸收作用，一直备受关注。MoS$_2$ 由两层硫原子和一层钼原子构成 S–Mo–S 夹心结构，这种独特的三明治结构、高比表面积和窄带隙等优点，使其在金属润滑、超级电容器、锂电池和光催化等领域都具有广阔的应用前景。MoS$_2$ 二维层状结构为电荷传输提供了直接的电途径，并具有大量的活性中心，提高了导电性和反应活性，能有效地抑制光生电子和空穴在转移过程中的复合，且有一定量的硫暴露在分子表面，具有较高的表面活性，特别适合应用于光催化领域。由于具有优异的性能，MoS$_2$ 受到了广泛研究，目前对影响其催化活性的因素进行了广泛深入的研究，有助于推动 MoS$_2$ 及其复合材料作为环境处理的光、电催化剂的进一步的设计和改进。

一、MoS$_2$ 物相及结晶度控制

MoS$_2$ 是第 VI 族过渡金属二卤代物 (TMD)，根据过渡金属和硫族原子之间的配位方式不同，MoS$_2$ 层的堆叠顺序，MoS$_2$ 晶体结构可分为四种类型：1H 相、1T 相、2H 相和 3R 相。MoS$_2$ 中单层 S–Mo–S 层通过弱的范德华力相互作用保持在一起形成六方堆积结构。与石墨烯不同的是，MoS$_2$ 具有非中心对称结构和直接能隙。八面体配位的 TMD(1T 相) 表现出金属性质，三角配位的 TMD(2H 相) 通常是禁带宽度为 1 ~ 2 eV 的半导体。与 2H 相 TMDs 相比，1T 相 TMDs 在催化析氢和储能方面表现出更好的性能，这是因为 1T 相中的电子迁移率大，并且 1T 相中的活性位点扩散至基底平面和边缘，电荷转移电阻大大降低。

在光催化领域，除了晶相对性能有很大影响以外，MoS$_2$ 和其他光催化剂之间的相互作用以及光收集能力在光催化活性中也起着关键作用。

Yin 等研究发现晶体相在常规 1T 相和多孔 1T 相 MoS$_2$ 纳米片中的 HER 催化活性中起着关键作用，而且边缘和 S 空位也对 MoS$_2$ 的电催化性能做出了重要贡献。由于 S 空位和边缘的协同作用，可以在 1T MoS$_2$ 纳米片多孔材料上获得高固有的

HER 活性，对于 RHE，J=-10 mA·cm^{-2}，Tafel 斜率为 43 mV 每数量级，并且具有更高的电化学活性表面积。

ZHU 等采用水热法，以 MoO_3 和 KSCN 为原料制备了纳米级 MoS_2 光催化剂，具有较好的光催化活性。随着水热反应温度升高，制备的 MoS_2 结晶度更高，光催化性能更好。纳米 MoS_2 光催化剂用于降解 MB 时，随着 MB 溶液浓度越高，降解效果越差，在酸性条件下对 MB 溶液具有更好的降解性能。

Yang 等利用 Mg-Al 层状双氢氧化物（简称 LDH）的空间限制效应，成功地原位生长了薄层高催化活性的二硫化钼（MoS_2）。由于 LDH 层独特的空间限制效应和正电性，MoS_2 将沿 LDH 层表面原位可控生长。这种在 LDH 中合成的 MoS_2 不同于气相沉积、剥离和激光辐照制备的薄层 MoS_2，倾向于单层或薄层生长，不是生长成花朵状结构，这是一种不同于气相沉积、剥离和激光辐照制备薄层 MoS_2 的新方法。与此同时，随着 MoS_2 的生长，LDH 的团聚体结构也被打开并转变为薄层。薄层 LDH 携带的丰富缺陷有助于提高 MoS_2 的光催化性能。MoS_2/LDH 能够吸收紫外到可见光区的光，制备的 MoS_2/LDH 复合材料作为光催化材料，180 min 后对 20 mg/L 的亚甲基蓝溶液的降解率达到 96% 左右。

二、MoS_2 光催化剂单质形貌控制

MoS_2 的形貌影响其光催化性能，且比表面积的大小和活性中心的数量影响更大，因此，控制形貌可以为合成高效的光催化纳米材料提供可行的指导。通过简便、环保的方法优化 MoS_2 纳米结构的形貌，实现结构可控的 MoS_2 纳米材料具有重要的意义。

Man 等采用水热法，在 160℃不同 pH 值（pH=1、2、4、6）的前驱体溶液合成了纳米 MoS_2，其结构为层状六方晶型，采用氧化罗丹明 B(RhB) 作为降解对象研究其光催化性能。研究发现，通过调整 pH 值，可以改变薄膜的形貌和光学性质，在 pH=2 的条件下制备的层状纳米结构 MoS_2 具有良好的光催化性能。

Huang 等以钼酸钠和 L- 半胱氨酸为原料，采用水热法合成了 MoS_2 微球。在可

见光照射下，不加过氧化氢即可成功降解 MoS_2 悬浮液中的硫代杀菌威，12 h 最高降解率可达 95%，随着 pH 值的升高和催化剂浓度的增加，氨基甲酸酯类农药硫代杀菌威 (TBC) 的光降解率逐渐增大，直至达到 $1.0\ g \cdot L^{-1}$ 的最佳用量。天然水中常见的无机离子如氯化物和硝酸盐的存在对降解效率的影响不大。这种催化剂稳定可靠，连续三次重复使用，光催化活性没有明显损失。

Li 等采用一步水热法制备了不同形貌的 MoS_2 催化剂，研究了 MoS_2 的形貌、结构、光降解和光催化性能，其合成的纳米二硫化钼 (MoS_2) 主要包括球形、花状、卷曲、空心等多种形貌。通过在可见光下降解亚甲基蓝 (MB) 的方法评价合成的 MoS_2 的光催化性能的测试结果表明，花状 MoS_2 的光催化活性最好。合适的花状 MoS_2 多孔结构可以增加暴露的活性中心的数量，有利于 MB 向活性中心的有效吸附和转移。与此同时，由于增加了光路，花状 MoS_2 的特殊结构可以提高光吸收效率。2D 堆叠的花瓣具有丰富的活性中心，有效地影响光催化效率。总体来说，具有优异光催化性能的光催化剂具有以下特点：第一，折叠、层状等特殊结构有利于增加光路，延长光与光催化剂的相互作用时间，从而提高光催化速率；第二，具有合适孔径的折叠或多层结构，有利于有机分子的分散，促进 MB 在活性中心的吸附 – 脱附。

三、MoS_2 光催化剂异质结调控

一般认为，半导体材料的光催化活性有三个关键控制因素：①光吸收能力；②分别通过电子和空穴的还原和氧化反应速率；③电子/空穴复合速率，以及其组合。异质结构正是控制优化这三个关键因素的有力手段。其中，核壳结构是一种高效异质结构。在这种结构中，光活性材料通常作为核心，助催化剂制成壳。在辐照下，产生的电子从核迁移到壳层，随后参与质子还原成氢气。核壳的异质结构允许更快的电荷传输并最小化重组，从而增强光催化活性。由于外壳的保护，核心的表面陷阱状态被显著钝化，从而显著地延缓了光腐蚀，并且很好地保持光催化稳定性。

研究发现，$NaNbO_3/MoS_2$ 和 $NaNbO_3/BiVO_4$ 核–壳层异质结构的吸收范围扩展到可见光区，界面电荷转移速率高，电荷复合程度低，使可见光区的光催化活

性得到全面提高。NaNbO$_3$/MoS$_2$核－壳异质结由于核－壳界面地对准，表现出更高的太阳能－氢转换效率。NaNbO$_3$/MoS$_2$核－壳层的 RCT 值和 RIFCT 值明显小于 NaNbO$_3$/BiVO$_4$核－壳层异质结构的 RCT 值和 RIFCT 值，表明 NaNbO$_3$/MoS$_2$中的电荷分离更合适，对光电化学水分解和染料降解表现出更高的光催化活性。NaNbO$_3$/MoS$_2$芯－异质结阴极电流的增强和 Mott-肖特基曲线表明核壳材料之间形成了 p-n 结。p-n 结有助于在核心－壳界面处分离光生载流子。与原始的 MoS$_2$、BiVO$_4$ 和 NaNbO$_3$/BiVO$_4$芯－壳层异质结相比，NaNbO$_3$/MoS$_2$光电极平带电位负移的增加意味着更高的载流子浓度和更少的电荷复合，这种增强的性能使这些异质结构成为通过分解水进行光电化学制氢的理想候选材料。二维 (2D)MoS$_2$纳米片具有源自其活性边缘位点，呈现出对析氢反应 (HER) 的高催化活性。

Kumar 等基于合适的带状－边缘排列制成 p-n 结，在 NaNbO$_3$/MoS$_2$ 和 NaNbO$_3$/BiVO$_4$核－壳层异质结中，实现了高效光电化学材料的设计。与单独的半导体异质结 (NaNbO$_3$、MoS$_2$ 或 BiVO$_4$) 相比，这两种半导体异质结在太阳可见光下表现出更高的光电化学分解水和降解 RhB 染料的效率，而 NaNbO$_3$/MoS$_2$具有更高的产氢速率 (61mol/h) 和更高的光氢转换效率。Sandeep 认为，在这种异质结构材料中，提高效率的关键是提高光响应范围和光生载流子低复合的协同效应。由于具有合适的晶格匹配和相容的能带排列 (较小的应变)，NaNbO$_3$/MoS$_2$更适合于光催化应用。

Xu 等通过溶剂热技术在电纺丝制备的 BiVO$_4$纳米棒上生长 MoS$_2$纳米片，合成了 BiVO$_4$@MoS$_2$核－壳异质结，可以在光催化应用中加速光激发电子－空穴的分离。MoS$_2$/BiVO$_4$异质结可以在 20 分钟内无须任何其他试剂完全降解 RhB 溶液。电子转移过程在 MoS$_2$ 的 CB 中保留了很多电子，在 BiVO$_4$ 的 VB 中保留了很多空穴，促进了对 RhB 的出色的氧化还原能力和强大的光催化反应驱动力。

Khabiri 等研究发现，由于 SnS$_2$ 和 MoS$_2$ 的 QD 之间形成异质结，与纯 SnS$_2$ 相比，SnS$_2$@MoS$_2$ 的 QDs 纳米复合材料具有很强的吸光度，PL 分析证实其具有良好的电子空穴对分离，显示出对 MB 高光降解活性。

Darsara 等设计并成功地合成了 CdS@MoS$_2$核壳异质结构的简易水热方法。被

CdS@MoS$_2$优化的 H$_2$生成速率为 148 mmol·g^{-1}·h^{-1}，比纯 CdS 的光催化活性提高很多。此外，核壳结构在 24h 内表现出良好的光催化稳定性，保持 24 h 不降低。

Kadam 等制备了无贵金属 Cds@MoS$_2$核壳纳米异质结构，具有速率为 416μMole·h^{-1} 的光催化 H$_2$ 释放性能，比原始 CdS 高出很多倍。优异的性能可以合理地归因于 MoS$_2$ 的低结晶度以及提供的大量活性位点，以及 CdS 和 MoS$_2$ 的能带排列(通过价带 XPS 和 Mott-Schottky 图分析确定)，可以显著促进电荷的传输和分离。增强的光催化稳定性应归因于 MoS$_2$ 壳的紧密生长，壳层明显钝化了 CdS 核的表面俘获状态，显著抑制了光腐蚀。

四、MoS$_2$光催化剂与铁氧体复合

从反应介质中回收一般的光催化剂非常困难，阻碍了其实际应用。传统的多相光催化剂分离和回收方法通常涉及过滤或离心步骤，但由于光催化剂的尺寸较小而受到限制。磁性可分离纳米颗粒的出现为解决这个问题提供了一种有希望的方法。磁分离可以通过在纳米结构中的磁性成分上施加适当的外磁场实现光催化剂的回收利用。这种方法不仅可以满足贵金属催化剂的可持续利用要求，而且可以减少传统分离过程中光催化剂的聚集和损失。在磁性载体上制备非磁性光催化剂，不仅可以进行磁分离，同时也可以增强光诱导电荷载流子的产生和分离。

锌铁氧体与其他光催化剂的复合表现出协同作用，产生了增强的光催化活性。由于具有铁磁性，铁氧体锌纳米催化剂可以简单地从反应中回收并重复使用，几乎不会损失催化活性。Fe$_3$O$_4$除了作为磁性载体，还可以同时作为中间介质有效地传输光生电子，有利于提高电荷载流子的分离效率。Fe$_3$O$_4$可以用来构建具有优异光催化活性和完美循环性能的高级光催化剂，MoS$_2$ 与 Fe$_3$O$_4$ 的结合形成高性能复合材料将非常有意义。

Wang 等研究了 MoS$_2$@Fe$_3$O$_4$光催化杂化体的省时和环保的制造方法，借助合理的水热路线，制备了具有显著光催化性能的新型可磁循环的 MoS$_2$@Fe$_3$O$_4$纳米复合材料。其中，通过均匀分布的 Fe$_3$O$_4$磁性纳米颗粒原位水热地装饰了几层 MoS$_2$ 花瓣

状纳米片。相对于裸露的 MoS_2 而言，由此合成的杂化结构在 RhB 和 MB 降解方面均表现出优异的光催化性能。光催化降解表现出对初始 pH 值的明显依赖性，在 pH 3.0 和 11.0 时可获得最佳降解效率，在八个光反应循环后仍保持较高的活性。磁性 $MoS_2@Fe_3O_4$ 复合光催化剂可以通过外部磁场轻松回收，在光化学反应之后，借助永磁体可以轻松地分离和回收 $MoS_2@Fe_3O_4$ 光催化剂。

Lu 等通过简便可靠的水热法成功合成了新型磁性光催化 $MoS_2-SrFe_{12}O_{19}$。与原始的 MoS_2 或 $SrFe_{12}O_{19}$ 相比，合成的 $MoS_2-SrFe_{12}O_{19}$ 纳米复合材料在模拟的阳光照射下具有更高的光催化活性。对复合 $MoS_2-SrFe_{12}O_{19}(MS-_{10})$ 进行 120 min 的光催化反应后，RhB 的降解率达到了 96.5%。$MoS_2-SrFe_{12}O_{19}$ 复合形成的异质结可以促进载流子的分离，加快电子 – 空穴对的传输并延长其寿命。具有优异的饱和磁化强度和矫顽力的磁性光催化剂 $MoS_2-SrFe_{12}O_{19}$ 可以在每次实验后通过外部磁场快速分离和回收利用，适合与自动化结合循环处理污水污水。

五、MoS_2 光催化剂与其他材料复合

Peng 等制备了由蒙脱土、石墨烯和 MoS_2 构成的新兴分层三元 2D 纳米复合材料，可增强电化学氢的释放。通过在还原的氧化石墨烯改性蒙脱土上水热合成 MoS_2 纳米片，成功制备了 $MoS_2@RGO/MMT$ 分层三元二维复合材料。大量的 MoS_2 纳米片通过界面相互作用均匀地组装在 RGO/MMT 纳米片上。纳米复合材料结合了 MMT 的优异亲水性和 RGO 的高电导率。由于蒙脱土 MMT 和氧化石墨烯 RGO 协同作用增强了 MoS_2 纳米片的电催化活性，$MoS_2@RGO/MMT$ 具有 53 mV/dec 的低 Tafel 斜率，对氢气的析出具有高效的电催化性能，这种构建分层的 2D 纳米复合材料为分解水制氢提供了一种新的设计策略。

Chen 等通过水热法将 MoS_2 负载在 MMTNS–HMS 表面，成功合成了具有新颖形态结构的 $MoS_2@$ 蒙脱土纳米片空心微球 ($MoS_2@MMTNS-HMS$)。研究结果表明，由于 $MoS_2@MMTNS-HMS$ 具有独特的中空结构，垂直排列的 MoS_2 纳米片具有更高的光利用效率、边缘活性位点密度和光电子的分离，大大提高了其光催化活性，非

常适合消除有机污染物。

Guo 等使用不同的镉源 (氯化镉，醋酸镉，硝酸镉和硫酸镉) 水热合成 CdS/MoS₂ 的光催化剂，发现镉源可以显著影响复合材料的光催化性能，其中乙酸镉合成的 CdS/MoS₂ 具有最高的光催化制氢效率。在 Na₂S/Na₂SO₃ 作为空穴牺牲剂的情况下，在大于 420 nm 可见光照射下，CdS/MoS₂-II 的产氢率约为 19.34 mmol · h⁻¹ · g⁻¹，分别是 CdS/MoS₂-I，CdS/MoS₂-III 和 CdS/MoS₂-IV 氢气产生率的 3.41、39.46、2.01 倍。CdS/MoS₂-II 的光催化性能归因于小粒径，较大的比表面积以及较高的平面晶格曝光。而使用氯化镉和硝酸镉合成的 CdS/MoS₂ 复合材料具有严重的团聚趋势，限制了其光催化性能。

Samaniego-Beniteza 等通过一步溶剂热法在不同的钼浓度下制备了 ZnS/MoS₂ 复合材料，其中钼含量为 10% 的材料的氢产率达到 606 μ mol · h⁻¹ · g⁻¹，分别比使用 MoS₂ 和 ZnS 作为光催化剂获得的氢产率高 30% 和 50%，光催化活性的增加与合成过程中产生的硫空位、ZnS 和 MoS₂ 之间的协同效应以及 ZnS 结构缺陷的形成有关。

Jeong 等通过球磨合超声处理制备了纳米复合物 BP/MoS₂，对亚甲基蓝溶液具有很好的催化降解能力。通过球磨合超声处理，材料的染料分解能力大大提高，稳定性也极好，所有样品在普通的商用 LED 灯光照下 40 min 内完全分解。

MoS₂ 基光催化剂的独特性能及其在不同应用中的良好性能表明，它是一种很有前途的光催化剂，在环境修复、制氢、光合作用等领域具有广泛的发展前景。此外，MoS₂ 基复合材料可用作有机物吸附剂，例如，Huang 等通过在碱性溶液中进行 DOPA 自聚合制备 MoS₂-PDOPA 复合材料，用作有效从水溶液中去除有机染料的吸附剂。基于 MoS₂ 的光催化剂等已被广泛地应用于重金属和一氧化氮 (NO) 的去除。虽然人们对提高 MoS₂ 基光催化剂的光催化活性进行了大量的研究，但是目前对其机理的深入理解仍然有限。在对边缘位置、吸附容量、表面性质 (如缺陷和表面电荷) 等因素的影响方面还有待进一步研究。

从实用角度看，MoS₂ 基光催化剂的发展还处于起步阶段。光生载流子的快速复合、活性边缘位置的限制以及催化剂回收的困难也是阻碍 MoS₂ 基光催化剂实际应用的主要因素。例如，目前的研究需要不同的牺牲试剂来实现析氢，这意味着在实际应用中成本较高。在环境修复方面，对制备样品的机械强度、防污性能和表面化学性质的研究还很缺乏。未来，还需要进一步研究制备高效、稳定、实用的 MoS_2 基光催化剂。

第 三 章　环境与发展

第一节　地理科学与当代环境问题

一、作为人类活动场所的地球表层

（一）地球表层

1. 地球的圈层构造

地球大约起源于 46 亿年前，从太阳星云中开始分化出的原始地球温度较低，轻重元素浑然一体，并无分层结构。原始地球一旦形成，有利于继续吸收太阳星云物质使体积和质量不断增大，同时因为重力分异和放射性元素蜕变而增加温度。当原始地球内部物质增温达到熔融状态时，比重大的亲铁元素加速向地心下沉，成为铁镍地核，比重小的亲石元素上浮组成地幔和地壳，更轻的液态和气态成分，通过火山喷发溢出地表形成原始的水圈和大气圈。行星地球开始了不同圈层之间的相互作用。在重力的统一作用下，由地球的地核向外扩展，大致可以看到一个呈同心圆状的圈层构造。这个圈层构造按照物质比重递减的顺序，由地心向外层空间排成一个有规律的序列。根据多种方法计算，地球本身的平均密度是 $5.525 kg/m^3$，但是地球表层的物质密度远远小于这个数值，这样就可以推算地核和地幔的物质密度一定大大超过地球的平均密度。事实上，沿着地球表层垂直向下，物质密度一直呈现有序递增的状态。

地球大气的总质量估计是 $5.27 \times 10^{15} t$，它在垂直方向的分布是不均匀的，主要集中在大气圈的底部，其中一半在 0~5km 高度范围内，10km 以下集中了 75%，

30km 以下集中了 90%。大气圈的顶部没有截然的界限，而是逐步过渡到地球大气和弥漫在星际空间密度极小的"星际气体"连接起来。利用人造地球卫星探测资料分析，2000~3000km 高度间的大气密度已接近行星际空间的气体密度，故定义大气上界在 2000~3000km 之间。大气的物理性质在垂直方向上也不均匀，可以按其性质将大气分为若干层次。按大气温度随高度的分布特征把大气分为对流层、平流层、中间层、热层和外层；按照大气各组成成分的混合情况把大气分为均匀层和混合层；按照大气的电离状况可以分为电离层和非电离层；按大气的光化学反应情况分离出臭氧层等。

2. 地球表层的范围

地球表层是由岩石圈、大气圈下部和整个水圈、生物圈、人类圈（智能圈）组成的，具有相互关联、相互制约、相互作用的开放的复杂巨系统。地球表层系统是地理科学的研究对象。

对于地球表层的厚度，目前有三种理解。

广义的理解是以对流层的上限为顶，以沉积岩的下限为底，厚度约 30~50km。狭义的理解只限于大气圈、水圈和岩石圈的交接面。这里的能量和物质交换最激烈，生物最集中。在生物的参与下还形成了土壤。这个交接面，其上限不超过 100m，相当于对流层近地面的摩擦层下部（又称地面边界层）；其下限在陆地不超过 30m，即太阳能所能够达到的限度，在海洋则不超过 200m 的深度。因此，这个交接面的厚度只有 100 多米，不超过 200m，它基本上和生物圈的厚度相当。在陆地则和土地综合体（即从林冠到基岩的厚度）相当。

还有一种理解是按人类的实质性影响范围来确定地球表面的厚度。当今人类对环境的影响已不局限于地表附近，也不局限于对流层，而是明显地涉及了距地面 50km 的平流层的高度。最为显著的例子当数人类对臭氧层的破坏。臭氧层分布于 10~50km 高度区域的平流层中，它的最大浓度分布区域距离地面 20~30km。虽然大气中的臭氧含量不多，但是它担负着使人类免遭过量太阳紫外线辐射侵害的重大责任，如果人类活动继续对臭氧层造成破坏，将会给地球生命带来灾难性后果。现今人类对岩石圈的影响深度比较来说是不大的。目前人类活动能够进入的岩石圈的深度大约为 5km，最深的钻探深度也仅仅达到 10 多千米，均属于岩石圈的表层。但是人类活动所引起的岩石圈的间接变化却可以涉及岩石圈的深部，甚至整个岩石圈。如大型水库和人工湖泊的人为蓄水及干枯，可以引起岩石圈的局部沉降或回生的均衡调整运动，以至引起地震的发生。而岩石圈的运动则更显著、更直接地影响到人类的生命和生产活动。因此，从相互作用的意义上，可以认为，地球表层在这样的一个范围之间，就是下起岩石圈底部，上至大气圈平流层顶，包括全部水圈、生物圈和土壤圈的总厚度约为 150km 的圈层范围。这个空间范围与人类智能圈的厚度一致，虽然相对于整个地球来说是很小的，但是对于人类和各种生物的发展来说，却具有决定性的意义。

（二）人类在地球表层的优势地位与能动作用

1.人口数量

一般物种的种群增长由于受到各种限制因素的制约，其总数不会永远呈指数增长趋势，而是在一定的时候大致维持在系统对该物种的承载能力之上。然而，人类的人口增长历史表明，人类是地球上唯一呈指数增长的物种，而且在今后相当长的一段时间内人口数量仍然呈指数增长。虽然从理论上讲全球可能出现一种地球自然资源系统可以维持的人口数量水平，而且部分国家也出现了人口数量稳定在某一水平的实例，但是，世界人口增长曲线什么时候会与环境承载能力相协调，现在尚不清楚。因此，在种群规模和增长方面，人类显然在全球生态系统中占据绝对优势，并将继续发展这种优势。目前世界人口已达到 60 亿。

世界人口增长倍增期不断缩短，从 1650 年以后缩短至平均为 35~40 年；世界人口增长的基数不断扩大，即使世界人口的自然增长率有所下降，但是因为人口基数很大，导致人口规模增长不断加快。世界人口增长速度分布是不平衡的，一般是发展中国家的人口增长速度快于发达国家人口增长速度。从第二次世界大战后的几十年来看，世界人口之迅速增长，主要是由于许多发展中国家人口增长速度过快。

2. 人类的适应能力

多数物种基本都局限在其狭小的适宜生态环境内，例如，大象只能生存在热带，北极熊仅出现在寒带。而人类则占据地球上广阔的领域，在几乎所有的生态系统中都能够生存。这是因为人类有极强的适应能力，主要包括生理上的适应能力和文化上的适应能力。人类最宝贵的适应能力之一是其消化能力，人类处在食物网中任何消费者级别上都能够生存，因此，某一食物链的中断对人类的影响不大，他们可以转向另外的食物链。

人类还是唯一具有发射性意识能力（即增强自己智力的自觉性的能力）的物种。由于有了这种意识，某些潜在的限制因素所造成的问题，对人类来说，只不过是用文化手段适应环境就可以解决的问题。人类又是唯一具有主观能动性、能够有意识地计划和控制自己行为的物种，同时又是唯一依靠教育传授知识和技能的物种，因而，可以使每一代人的智慧、经验和技术得以积累，使文明和技术不断发展。因此，人类已部分地从本能和天然遗传中得到解放，其进化的动力主要是文化方面而不是在生物学方面。人类和其他物种最大区别在于人类具有通过改变自己的文化而不是通过改变物种的遗传因素来改善自己与环境关系的能力。人类极强的适应能力是其在地球表面占据优势地位的重要原因。

3. 现代人类的社会化大生产和现代科学技术

当代人类在生态圈中优势地位的最重要方面在于已经形成了社会化的大生产能力，并且掌握了似乎无所不能的科学技术。人类可以靠社会化大生产和科学技术大规模地提高食物产量，解除食物资源短缺的限制；通过科学技术在自然障区建立人工设施，以解除不利环境的限制；通过科学技术控制疾病，大大提高人类平均寿命，降低死亡率。人类的社会实践活动已经深刻地改变了自然资源系统的形态、结构，影响着它的前途和命运。人的行为和活动已经具有了全球规模，就其威力和对自然环境系统的影响而言，能够和地质力量、达到地球的太阳能相媲美。

人类活动已经成为地球表层发展变化的重要营力。人类"征服"自然，显示"智慧"的后果，一方面给我们创造了舒适、便捷的生活；另一方面也造成了环境污染、生态退化、臭氧层破坏、生物物种大量灭绝等威胁人类生存与发展的一系列环境问题。因此，如何协调人类与自然环境的相互关系，让我们的智能圈放出真正意义的"智慧之花"，已经成为举世瞩目的研究热点。

二、地球表层的环境问题

问题是一个现实系统的状态与人们的期望状态之间的差距。换句话说，问题就是人们对现实的不满意。现实生活中存在着各种各样的问题。有些问题很容易解决，而有些问题则需要付出艰辛的努力，需要全体人类的密切合作才能解决。环境问题是当今世界人们极其关注的重大全球问题之一。之所以如此，是因为环境问题使地球陷入空前的危机之中，人类社会正面临着一场生死攸关的挑战。

所谓环境问题，是指人类为其自身生存和发展，在利用和改造自然界的过程中，对自然环境破坏和污染，或因为自然环境自身的变化所产生的危害人类生存的各种负面效应。究其原因，环境问题可以分为三类：一是不合理地开发和利用资源而对自然环境的破坏以及由此产生的各种生态效应，即通常所说的生态破坏问题；二是因为工农业发展和人民生活所造成的污染，即环境污染问题；三是因自然的，或自然和人为共同作用所形成的各种灾害，即环境灾害问题。

（一）地表大气中的环境问题

1.臭氧层的破坏及其危害

大气中的臭氧集中在对流层和同温层底部这一空间范围内，距离地面20~25km，其浓度不超过10ppm。臭氧在保护地球生态环境中起着十分重要的作用。首先它是太阳紫外辐射的一种过滤器。在波长200~400nm的紫外线（UV）中，UV-C的波长范围是200~280nm，它可以杀死人和生物，但是它几乎全都被臭氧吸收，不能辐射到地球表面；UV-B的波长在280~320nm，它可以杀死生物，引起人体和生物体产生明显的生理效应，臭氧可以吸收其大部分。人们所关注的就是臭氧层破坏后，UV-B的动态变化；波长在320nm以上的UV-A，对生物和人类的影响很小，臭氧对它的吸收也很少。臭氧对紫外线的总吸收率为70%~90%。所以臭氧像一把保护伞一样，保护着地球上的生物和人类。正是在这个意义上，一切生命都离不开臭氧，它对人类和生物的重要性就如同氧气、水一样。另外，臭氧还对调节地球气温也具有重要作用。同 CO_2 一样，臭氧也是一种温室气体。在低层大气中的臭氧浓度的增加可以吸收地球表面反射回宇宙的红外辐射而使地球升温。同温层臭氧浓度降低，吸收紫外线相应会减少，达到地面的紫外辐射将会增加而使地球变暖；但与此同时，同温层吸收的紫外辐射减少，则自身将会变冷，释放出来的红外辐射减少，将导致地球变冷。如果同温层中的臭氧浓度的降低是一致的，则上述两种效应大致可以相互抵消。当前人们所关注的臭氧层破坏问题是指同温层臭氧浓度的降低和低层大气中臭氧浓度的增加。臭氧层是维持整个地球生物圈平衡的主要因素，它的破坏会以多种方式影响全球的生态环境。首先，UV-B 的增加会对农业产生不利影响。据特雷缪雷对大豆进行的五年田间实验表明，减少 25% 的臭氧后，可以使大豆产量降低 20%~25%，大豆的质量也有所下降。人工照射 UV-B 对植物的抗性实验表明，200 种植物中有 2~3 的种类表现出不同的受害反应。紫外线的增加还可以使植物的光合作用受破坏，生产率降低等。UV-B 的增加对水生生物也会产生有害影响。研究证实，若大气中臭氧减少 10%，将会使水生物的幼体畸变率增加 18%。UV-B 可以使浮游生物的光合作用减少 5% 左右。在淡水生态系统中，UV-B 辐射水平的增加可通过对微生物的杀伤而使系统功能降低，影响着水体的自然净化能力。

此外，UV-B 辐射可以从多方面影响人体健康。例如，晒斑、眼疾病、免疫系统变化、光变反应和皮肤病（包括皮肤癌）。据估计，若臭氧总量减少 1%（即 UV-B 增加 2%），皮肤癌变率将增加 4%，扁平细胞癌变率增加 6%，白内障患者将增加 0.2%~0.6%（UNEP，1986）。

2. 温室效应及其变化趋势

存在于大气中的某些痕量物质和存在于对流层中的臭氧具有吸收太阳能在近地面附近的长波辐射从而使大气增温的作用，称之为温室效应。具有这种作用的气体称为温室气体。实际上，在人为干扰之前，大气中就存在 CO_2、水蒸气等温室气体，存在着自然的温室效应。

而人类对化石燃料的燃烧、森林砍伐和工业发展等破坏了地球上这种自然温室效应所形成的热平衡，引起气候变暖被称为"人为"的温室效应。人们平时所说的温室效应就是指后者。

随着温室气体的大量增加，地球气候变化正处在"过去"气候与"未来"气候的分水岭。前者以自然因素占主导优势；后者则以人为因素占主导优势。所谓人为因素就是指人为活动导致大气温室气体浓度和种类的增加。

据科学家预测，在未来气候变化过程中，CO_2 的贡献率最大。大气中的 CO_2 浓度增加始于 18 世纪。实测 CO_2 浓度工作开始于 1958 年，那时仅 315ppm，到 1988 年达到了 350ppm，平均每年增加 1.17ppm。研究结果表明，CO_2 浓度增加一倍，地球气温将增加 2~4℃。

分析冰核表明，1850 年大气中 CH_4 浓度为 0.7ppmv，1977 年为 1.52ppmv，1985 年达到 1.7ppmv。CH_4 浓度是 20 世纪 70 年代中期才开始出现明显的增长趋势，并且与人口增长呈正相关关系。现在每年排入大气中的 CH_4 约 4.25 亿吨，其浓度已由工业革命前的 0.7ppmv 增长为 1.7ppmv，每年增长 1.0%。CH_4 的主要来源是反刍生物、土地开发和化石燃料的使用。其分子结构能够有效地阻止红外线的向外辐射和减弱大气的自净能力并对臭氧层造成破坏。大气中的 CH_4 浓度的增长速度比 CO_2 还快，预计到 2030 年大气中的 CH_4 浓度将达到 2.34ppmv，有可能成为今后温室效应的主要原因。

CFCS 类温室气体是人为产生而排放到大气中的。其中危害最大的是 CFC-11 和 CFC-12。自这类物质 1928 年合成、20 世纪 50 年代开始批量生产后开始排入大气。现在每年排入大气的 CFC-11 和 CFC-12 各约为 0.4 吨。1986 年大气中的 CFCs 气体浓度已达到 556pptv（万亿分之 556），预计到 2030 年将达到 2900pptv。CFCs 能够长期在对流层中累积并不断向同温层中扩散，在那里通过光解作用破坏臭氧层。据预测，在未来的气候变化中，CFCs 类气体的贡献很大。

根据各种温室气体对地球变暖贡献率分析，1980 年大气中除了其他痕量气体，若按"碳效应"计算，相当于 40ppm 的 CO_2 温室加热，到 2030 年则相当于

140ppm 的 CO_2，加上本身可达到 450ppm，温室气体总效应相当于 590ppm，与 1860 年的 275ppm 相比增加一倍多，因此，最可能的结果是全球范围的温度将升高 1.5℃ ~4.5℃。

全球气候变暖的结果是弊大于利，而且后果无法挽回。气候变暖的一个重要后果就是加速海平面的上升。

气候变化在历史上曾导致生物带和生物群落空间（纬度）分布的重大改变。在公元 800—1200 年中世纪的气候最佳期，至少北大西洋地区的平均温度比目前高 1℃，但这足以使玉米在挪威的栽种成为可能。公元 1500—1800 年西欧的小冰期，气温比现在低 1℃ ~ 2℃，在挪威就有一半农场被弃耕，冰岛的农业活动几乎停止，苏格兰的一些农场也全部被冰雪覆盖。温室效应所引起的气温变化可能要大于上述幅度。气候变暖将使温度带向极地方向推移，加速生物物种的灭绝。与此同时，它还会影响世界粮食生产。据估计，在现有的技术水平和粮食品种不变的情况下，气温升高 2℃，即使降水量不变，全世界粮食产量也可能下降 3% ~17%，并能够使害虫的危害增加 10%~13%。气温增加还会导致疾病的增加。卡尔克斯曾统计过美国纽约市气温与死亡率之间的关系，他发现即使其他环境因素没有变化，气温升高 2℃ ~4℃，该市的人口死亡率呈现明显的上升趋势。

3. 酸雨和环境酸化的扩大

酸雨是指雨水中含有一定数量酸性物质（硫酸、硝酸、盐酸等）的自然降水现象，主要包括雨、雪、雹、雾等，其 pH 值一般都小于 5.6。"酸雨"这个词是英国化学家 R.A. 史密斯于 1872 年首先提出的，到 20 世纪 50 年代，发达国家设置监测网对之开始研究，才使酸雨作为重大环境问题逐渐被认识。目前在美国、日本、瑞典、丹麦、加拿大和我国的部分地区都出现了酸雨或环境酸化问题，并呈现发展趋势。酸雨是大气污染的结果，是 SO_2 和 NO_x 在大气或水滴中转化为硫酸或硝酸等所致。这两种酸占酸雨总酸量的 90% 以上。

酸雨的危害是导致环境的酸化。当酸性雨水降到地面得不到中和时，就会使土壤、河流、湖泊酸化。若水体的 pH 值降到 5 以下时，鱼类的生长就要受到严重影响，流域土壤中和水体底质中的有毒金属就会溶解到水中，毒害鱼类。与此同时，水质的酸化还会引起水生生态系统结构上的变化，耐酸的藻类和真菌将增加，而有根植物、细菌、无脊椎动物、两栖动物则减少，并使分解速度降低，水质恶化。

在陆地生态系统中，土壤酸化的危害也是十分严重的。在瑞典南部，酸雨30多年来使该地区的土壤肥力减弱一半，土壤已经贫瘠化。土壤酸化也影响土壤微生物的活性，降低生态系统的正常功能。酸雨和土壤酸化对森林生态系统的影响也严重。据斯堪的那维亚半岛南部的调查，1950—1960年雨水中的pH值从6.0下降到4.0以下，森林生长量减少了2%~7%。酸雨还会对建筑物和名胜古迹产生损害。

总之，在短期内，酸雨和环境酸化还不会像温室效应和臭氧层破坏那样构成全球性危害，但其对生态系统的破坏程度以及所造成的经济损失是巨大的。仅美国因酸雨造成的各种经济损失就达百亿美元。酸雨和环境酸化已成为不容忽视的环境问题。

（二）土地利用与土地覆盖变化

1. 不适当的土地利用加速土壤侵蚀

土壤侵蚀是指在风或水流的作用下土壤被侵蚀、搬运和沉积的整个过程。在自然状态下，纯粹由自然因素引起的地表侵蚀过程速度非常缓慢，表现也不明显，常常与土壤形成过程处于相对平衡的状态，因此，在这种情况下，坡地还能够保持完好的土壤剖面。这种侵蚀称为自然侵蚀，也称地质侵蚀。在人类活动影响下，特别是当人类严重地破坏坡地上的植被后，自然因素引起的地表侵蚀破坏和土地物质的移动、流失就会扩大和加速。这就是通常所说的作为环境问题的土壤侵蚀。土壤侵蚀分风蚀和水蚀两种。

风蚀。以风力为动力的土壤侵蚀现象，是在地表缺乏植被覆盖，土质疏松和土层干燥的情况下，由风速达到4~5m/s的起沙风吹拂地面的结果。这种现象主要发生在干旱和半干旱地区。起沙风具有吹蚀原有地形和土壤，使沙尘向远处蔓延的双重作用。其结果不仅毁坏土壤，而且出现风蚀洼地，被搬运的土壤将在一定地区重新降落，淹埋河道、湖泊和农田，从而降低土壤肥力。由滥垦草原引起的土壤侵蚀，美国在 20 世纪 30 年代，苏联在 20 世纪 60 年代都曾经发生过，即震惊世界的"黑风暴事件"。

水蚀（水土流失）。以水为动力的土壤侵蚀现象（即水土流失）在我国土质松软、暴雨集中的黄土高原和南方丘陵地区最为严重。其发展过程一般是由面蚀发展为沟蚀，最后导致土地的全面破坏。面蚀是指被雨水打散的土粒随地表细微径流均匀地流失，主要发生在丘陵山岗顶部径流尚未集中的地段。长期面蚀的结果使表层肥沃的细土粒被冲走，土壤变薄，质地变粗，土壤肥力下降。沟蚀不仅冲走了分散的细土粒，同时也冲走了粗土粒和小土块。沟蚀使地面支离破碎，使耕地面积大大减少，给农业和交通都带来很大困难。水土流失是一个世界性的问题，它是土地退化的一种，主要由森林、草原等植被的破坏，使表土裸露和缺乏吸附源，并随雨水或雪水冲刷而流失。土地水土流失的直接后果就是使土层贫瘠，肥力下降，土地生产能力降低，农作物减产；另外，侵蚀的表土被冲入河流、湖泊、水库，会淤塞河道、港口，减少水库的库容，增加洪水的危害；在山区，水土流失还会导致滑坡、崩塌、泥石流等灾害。

2. 土地荒漠化

土地荒漠化是一种土地退化现象，是指由于人类不合理的开发活动破坏了植被，破坏了原有的生态平衡，使原来非沙漠地区也出现风沙活动等现象。土地沙化或荒漠化以后，生产力下降乃至完全消失，生态环境更趋恶化，水源枯竭，粮食失收，牲口死亡。为了寻找食物和水源，人们只好逃离家园。

世界各大洲约有 1/3 以上的土地处于干旱区。干旱区的土地大部分是各种类型的荒漠，其中主要是沙质荒漠，即沙漠。许多沙漠是在当地不利的气候条件下加上人类活动影响而形成的。根据历史资料显示，印度半岛的塔尔沙漠是在当地气候条件下由人为破坏了植被而形成的。我国的毛乌素沙漠至少在唐朝还是水草丰富的地区，后来才起了沙。新疆塔克拉玛干大沙漠的内部及周围，曾经分布过许多绿洲，现在都被流沙覆盖了。

目前，地球上的沙漠及沙漠化土地总面积共有 4560.8 万 km^2，占全球土地总面积的 35%，威胁到全球 15% 的人口和 100 多个国家和地区。按其性质来说，极端干旱荒漠占 17%，沙漠化程度很高的占 7%，沙漠化程度较高的占 36%，沙漠化中等的土地占 40%。按地区分布来说，沙漠及沙漠化土地在非洲占其土地面积的 55%，在北美和中美占其土地面积的 19%，在南美占其土地面积的 10%，在亚洲占其土地面积的 34%，在大洋洲占其土地面积的 75%，在欧洲占其土地面积的 2%。就其分布的自然地带来说，在干旱和半干旱地区占其土地面积的 95%，在半湿润地区占其面积的 28%。荒漠化正在威胁着可利用的土地。目前，全世界每分钟有 $10hm^2$ 土地变成沙漠，每年有 600 万 hm^2 具有生产能力的土地变成沙漠。据联合国环境规划署的估计，全世界每年有 2100 万 hm^2 的耕地由于沙漠化而减产或弃耕，损失农业林业产品价值 260 亿美元。有关专家指出，如果不采取措施，这种因沙漠化而损失大量土地的状况还将继续下去，并形成恶性循环。这种现象在一些贫穷的国家已经出现，在发达国家也有加剧的趋势。

在我国北方，荒漠化土地面积已经达到 30 多万 km^2，其中历史时期形成的荒漠化土地面积为 12 万 km^2，占荒漠化土地的 42.8%。初步的调查资料表明，近半个世纪以来我国的荒漠化土地平均每年扩大 $1000km^2$，特别是在半干旱地带的农牧交错地区最为显著。我国北方地区的荒漠化土地的发展过程有两种类型：一是风力作用下沙漠中的沙丘的前移，造成沙漠边缘土地的丧失，如塔里木盆地南部塔克拉玛干沙漠边缘、河西走廊、柴达木盆地及阿拉善东部一些沙漠边缘地区均属于这种情况；二是由于强度土地利用破坏了原有的脆弱的生态平衡，使原非沙漠地区出现类似沙漠的景观，如过度农垦、过度放牧、过度樵采、水资源利用不当和工交建设破坏植被引起荒漠化。

3. 灌溉与土壤次生盐渍化

一般把表层含有 2.0% 以上易溶盐的土壤称为盐土。土壤盐渍化严重时，植物尤其是农作物很难成活。盐渍土的生成有一定的自然条件基础，即在干旱气候条件下的低洼地区地下水位埋藏不深的地方可以形成。在这种条件下，地下水通过毛细管上升强烈蒸发，水被蒸发了，水中所含盐分便沉淀析出，堆积在土壤中。人类的灌溉方式对盐渍土的形成有很大影响。正确的灌溉方式可以达到改良盐渍土的目的，而不正确的灌溉方式（灌溉水量过大、只灌不排、灌溉水质不好等）可能导致潜水位提高，引起盐渍化。由于人类不合理的农业技术措施而发生的盐渍化被称为次生盐渍化。土壤次生盐渍化是干旱地区土地资源农业利用中最易产生的环境问题。

土壤次生盐渍化使世界上大约 30 个国家受到不同程度的危害。我国由于在一些地区进行了不合理的灌溉，造成了大面积的土壤次生盐渍化问题。早在 20 世纪 50 年代末，河北、山东和河南三省土壤次生盐渍化面积就扩大到 $3.96 \times 10^6 hm^2$。内蒙古后套区 1954 年盐渍化的土地只占灌溉土地面积的 11%~15%，1963 年增加到 22%，1964 年增加到 31%，1973 年增加到 58%。新疆土壤次生盐渍化合计已经占耕地面积的 1/3 以上，可见问题的严重性。

（三）生物多样性的减少

生物多样性包括几个方面：遗传多样性，包括一个物种内个体之间和种群之间的差别；物种多样性，指一个区域内动植物和其他生物的不同类型；生态群落或生态系统多样性，指一个地区内各种各样的生境，如草原、湖泊、沼泽、森林等；功能多样性，指在一个生态系统内生物的不同作用，如植物的作用是吸收能量，而草食动物的作用在于使植物生长受到控制等。每一个水平的生物多样性都具有实用价值。

与过去五亿年中文献确证的大部分世界重要动植物灭绝的五个时期相似，目前世界上正处于重要物种灭绝的边缘，过去最近的一次事件是 6500 万年前的恐龙灭绝。与以往的物种灭绝归咎于气候、地质和其他自然现象不同，专家们认为目前事件是人为因素造成，这些人为因素包括人类利用导致的生境急剧变换和退化、偶然或故意引进怪异的物种、过度获取动物和植物、环境污染、人类引起的全球环境变化、农业和林业的工业化以及其他损害或破坏自然生态系统及其中物种的活动。在以前每次物种灭绝事件后，需要 1000 万年或更长的时间物种数量才能恢复到有关事件前的多样性水平。所以，目前物种灭绝的趋势如果不加以制止，也许在后代人类的生存期内，人类活动造成生物物种多样性减少的影响将是无法弥补的。

森林锐减和物种灭绝是全球环境问题之一。根据国际环境和发展研究所的资料

（1987 年），在人类活动的干扰之前，全世界有森林和林地 $6 \times 10^9 hm^2$，到 1954 年全世界森林和林地面积减少到 $4 \times 10^9 hm^2$，其中温带森林减少了 32%~ 33%，热带森林减少了 15%~ 20%。近 30 年来，世界森林，特别是热带雨林的减少速度明显加快，平均每年减少 $8 \times 10^5 hm^2$（相当于一个奥地利的国土面积）。中美洲森林由 1950 年的 $1.15 \times 10^8 hm^2$ 减少到 1983 年约 $0.71 \times 10^8 hm^2$。非洲森林减少更快，从 1950 年的 $9.01 \times 10^8 hm^2$ 减少至 1983 年约 $6.90 \times 10^8 hm^2$。

世界森林的不断减少直接导致生物多样性的消失和物种灭绝。根据估计，地球上曾经有 5×10^8 个物种，目前尚有 5×10^6~ 10×10^6 个物种。在 1990 年，约有 12% 的哺乳动物和 11% 的鸟类物种被划入受威胁之列。其他群体，诸如爬行动物、两栖动物、鱼类和昆虫受威胁的比例较小，极有可能反映了对这类群体可获得的信息不完全。

在生物自身和环境的相互作用中，每时每刻都有物种的灭绝，但同时又有新的物种的产生。物种的产生和灭绝基本上是平衡的。但是由于人类的滥捕滥杀和对生态环境的污染和破坏，打破了自然界已有的平衡，使物种灭绝的速度快而形成速度慢，物种正在以前所未有的速度减少。据调查，鸟类从 100 万年前到现在，平均每 50 年有一种灭绝，最近 300 年，平均每两年有一种灭绝，而在进入 20 世纪后，每年就有一种灭绝。哺乳动物的灭绝速度更快。据野生生物学家诺尔曼的研究，现在热带雨林每天都有一种灭绝，过不了几年，很可能将是每小时灭绝一种。

森林是人类的亲密伙伴，同时也是人类赖以生存的生态系统的一个重要组成部分。人类的起源、生存与发展，从来是与森林分不开的。但是，今天森林却遭到人类的破坏，森林资源急剧减少，森林覆盖率大幅度下降。

在历史上，地球曾有 76 亿 hm^2 的森林，到 19 世纪已降为 55 亿 hm^2。但是总的来说，无论是欧洲，还是非洲、亚洲、美洲，到处都是森林。然而，进入 20 世纪后，由于人口的增长对耕地、牧场、燃料、木材等的需求量日益增加，导致人们的滥砍滥伐，毁林开荒，森林资源受到严重破坏。从森林分布的情况看，先是原始温带森林受到破坏，第二次世界大战前原始温带森林的破坏速度要高于热带森林的破坏速度。但是以后，由于发展中国家的人口猛增，加速了原始热带雨林的开采，其破坏速度加快，而此时温带森林却保持相对稳定。据联合国教科文组织估计，20 世纪80 年代，热带雨林主要生长国巴西、印度尼西亚、扎伊尔三个国家每年被砍伐的森林超过 200 万 hm^2。世界热带雨林目前正在以每分钟 20 公顷的速度消失。有关专家估计，按此趋势，世界热带雨林在地球上消失，只需要 50 年的时间。由此给人类带来的后果是无法预测的。

森林不仅作为资源为人类提供木材和各种林副产品，更为重要的是森林生态平衡的重要调节因子，具有涵养水源、保持水土、防风固沙、调节气候、保障农牧业生产、保存森林生物物种等多方面的作用。因此，森林锐减不但使木材短缺，还将加速物种灭绝，加速水土流失，加速全球变暖，加剧洪涝、干旱、滑坡等自然灾害的发生和危害，造成生态环境的严重破坏。为此已引起了国际社会和许多国家的忧虑和关注。

目前热带生境破坏的趋势研究表明，在 1975—2015 年间，世界物种每 10 年将灭绝 1%~11%。一种中度的预测认为，如果目前的森林砍伐继续下去，今后 25 年中 4%~8% 的郁闭热带森林中的物种将绝灭，其他一些人类活动也导致生物多样性减少。如湿地的动植物种极其丰富，尤其它是世界水禽的重要栖息地，对生物多样性有着独特的意义，但是湿地被不断围垦、污染、淤积，导致生物多样性明显减少；又如为了农业发展和其他目的的土地开发，可能使自然物种的生境支离破碎，小块生境的边缘由于暴露在风沙、干旱、新的食肉动物和其他因素之下，而不适于植物和动物的生存，使自然物种减少。水体污染的不断扩大和加剧，使水体的多样性减少。

世界自然资源保护联合会的一项 1600 年以来岛屿动物灭绝分析发现，已知其原因的动物灭绝有 39% 是由于物种的引进，36% 是由于生境的破坏，23% 是由于狩猎和有意捕杀。这些灭绝或将要灭绝的物种，许多没有经过科学家的分类和仔细研究，其基因储库的潜在价值是巨大的。如果对生物物种，特别是热带雨林的物种加以保护和科学的管理，则这些物种可以成为新的食物、药用化学原料、病害虫的天敌以及建筑材料和燃料等持续利用的资源。野生的和地区驯化的品系，对培育和改善目前已广泛采用的抗病虫害高产品种是必不可少的。可见，物种灭绝给人类带来的损失和影响是难以预料和挽回的。

（四）全球淡水资源危机

水是地球上的生命之源。没有水，一切生命将不存在。地球上的水既是可再生的，又是有限的资源。水可以循环利用，但是可供人类使用的水是有限的。据估计，地球上的水的总量有 98.412 万 km^2，但其中只有 2.87% 的水是可供人饮用的淡水，这些淡水中又只有一小部分能够被人类利用。随着人口的增加和经济的发展，全世界需水量的增长与水资源的不足之间的矛盾将日益尖锐，水资源分布不均和某些地区耗水量过大而造成水资源的浪费以及因水体污染而不断恶化等因素，进一步加剧了水资源短缺危机。目前缺水已成为一个世界性的普遍现象。据统计，全世界有 100 多个国家存在着不同程度的缺水问题，其中严重缺水的国家和地区已达 43 个，占全球陆地面积的 60%，水资源不足已成为许多国家社会和经济发展的重要制约因素。尤其是发展中国家，甚至影响到其基本的生存条件。据联合国《世界水资源发展报告》估算，发展中国家至少有 3/4 的农村人口和 1/5 的城市人口常年不能获得安全卫生的饮用水，17 亿人没有足够的饮用水。有些地方甚至连一口清洁的饮用水都没有。淡水资源的不足还因为水污染的加剧和蔓延而更趋紧张。据称全世界每年有 4200 多亿 m^3 的污水排入江河湖海，污染了 55000 亿 m^3 的淡水，占全球径流总量的 14% 以上，而且还呈日益恶化的发展趋势。由于水污染而导致的饮用水危机正在席卷全球。有人认为，在未来的 21 世纪，水资源危机将取代能源危机成为人类所面临的最严重的问题。

（五）环境污染

人们在生产和生活过程中，向大气、水、土壤等环境媒介排入大量废气、废水、废渣（称为"三废"），引起环境污染或导致环境破坏。环境污染一般都影响范围大、作用时间长。污染物进入环境后，受到大气和水的稀释，浓度往往较低。但是污染物的浓度虽低，由于环境中存在的污染物种类繁多，不但可以通过生物和理化作用发生转换、代谢、降解和富集，从而改变原有的性质和浓度，产生不同的危害作用，而且多种污染物可以同时作用于人体。往往产生复杂的联合作用。环境污染容易发生，治理起来又很难。环境一旦被污染，要想恢复原状，不但费力大、代价高，而且难以奏效，甚至还有重新污染的可能。

目前市场上有 7 万~8 万种化学品，其中对人体健康和生态环境有危害的约有3.5 万种。而具有致癌、致畸、致突变的有 500 余种。随着经济的发展，每年又有1000~2000 种新的化学品投入市场。由于化学品的广泛使用，全球的大气、水体、土壤乃至生物都受到不同程度的污染和毒害。有毒化学品主要来自工农业生产。工业化学品主要通过工厂事故和废弃物不加处理的排放途径对环境造成污染；而农业则是过量使用农药和化肥导致化学品污染。

（六）自然灾害

自然灾害是指发生在地球表层系统中能够造成人们生命和财产损失的自然事件。其孕育和发生往往涉及多种因素。人类活动在一定程度上可以改变这些事件发生的频率、影响范围和危害性，从而改变生命财产的受损程度和抗灾性能。通常把提高抗灾能力的人类活动称为减灾，主要包括缩小灾害的影响范围，降低其发生频率和致灾强度以减轻受灾后果的种种努力。

自然灾害多数是地球系统演化过程中的正常事件，但是其成为阻碍人类社会发展的最重要的自然因素之一。重大灾害不仅造成人员伤亡和直接经济损失，同时还会进一步导致生产网络和社会结构的破坏，引发民众的心理创伤，衍生出各种间接损失。

自然灾害是指环境的变化超出人类的承受能力并造成人类生命、财产和生存环境破坏和损失的现象。有史以来，自然灾害给人类带来巨大的伤亡和痛苦。在过去的 20 多年中，诸如地震、滑坡、海啸、飓风、龙卷风、洪水、火山喷发和难以控制的大火等自然灾害，已在世界范围内吞噬了 280 多万人，受影响的人口多达 8.2 亿。直接经济损失不完全估计约 1000 亿美元，并经常造成人们的恐慌和社会的动荡。

当今社会，由于人口的快速增长，经济和高技术财富的密集发展，加之人类自身对自然环境的破坏，各种自然灾害的成灾强度更趋严重。对此已引起各国政府和人民的广泛关注，公众舆论认为，一个国家对于自然灾害的防治和减轻所表现的行为与效能已成为评价其政府和社会的工作和进步程度的重要标志。在许多国家的倡导和积极准备的推动下，1987 年联合国第 42 届大会通过了第 169 号决议：决定把从 1990—2000 年的十年定名为"国际减轻自然灾害十年"。呼吁各国政府和科学技术团体积极行动起来，为减灾共同努力。

（七）环境问题群

环境问题的各种类型是相互联系和相互制约的，它们共同构成了危害人类生存与发展的复杂的问题群，其中臭氧层破坏、温室效应和酸雨三个环境问题在整个环境问题群中占有极其重要的位置，因而被认为是三大全球性环境问题。除此之外，突发性自然灾害因其危害的严重性越来越受到国际社会的广泛重视，同时也成为重大的全球性环境问题。与前者不同的是，自然灾害主要是自然力所为，它是不可避免的，但是通过人为努力其损害程度是可以减轻的。臭氧层破坏、温室效应和酸雨三个环境问题主要是人力所为，因而是可以避免的。其他的环境问题，诸如淡水资源短缺、森林锐减、土地沙漠化、水土流失、物种灭绝、垃圾成灾、有毒化学品污染七大生态环境问题是自然力和人力共同作用形成的，因此，只有改变人类行为方式并尊重客观的生态规律才有可能解决。

三、地表环境问题的区域差异

不同发展阶段的国家或地区所面临的主要环境问题是不同的。每个国家或地区将根据自己的优先顺序对环境问题进行排序。

（一）发达国家

温带高收入的发达国家更关心下列问题：

（1）固体及有害废物的处置；

（2）地下水水位及其污染状况；

（3）清理废弃的废物堆放地及工业场地；

（4）农业用化学品对野生生物的影响；

（5）农业废物，特别是动物粪便的安全处置；

（6）荒地、湿地和独特的、尚未遭破坏的景观的保护；

（7）过度捕捞；

（8）酸雨；

（9）需求不断增长形势下水资源的管理；

（10）其他国家生物多样性和野生生物的保护；

（11）全球气候变暖和臭氧层破坏。

（二）经济转型国家

经济转型国家所面临的最迫切的问题是各种形式的污染。当然根据所处的地理位置和发展水平，这些国家也可能有其他的环境问题。

（1）工业和城市废弃物；

（2）工业废水和未经处理的生活污水所引起的水污染；

（3）工业、生活取暖和汽车造成的空气污染；

（4）废弃军事基地的清理和恢复；

（5）酸雨对农作物、树木和建筑物的破坏；

（6）农田灌溉引起的土壤盐碱化；

（7）集约型种植系统的持续性（农业用化学品使用的合理性、机械化生产、单一品种种植、废物处理等）；

（8）自然风景和生物多样性区域的保护。

（三）发展中国家

发展中国家的情况各不相同。在依赖自然资源为主的低收入国家中，主要面对的环境问题如下：

（1）由于农民和伐木工人所造成的热带森林的消失；

（2）山地耕作所造成的水土流失，并造成下游淤积；

（3）牧场的过度放牧；

（4）荒漠化和干旱土地退化；

（5）农药的滥用；

（6）传统替换种植引起的土壤肥力下降；

（7）饮用水污染；

（8）基本卫生措施的提供；

（9）颗粒物对当地的空气的污染。

　　一般来说，国家越穷，本地环境问题越可能成为其主要关心的问题，并占据处理预算的主要部分。跨国界问题（如国际水域联合使用、酸雨和过度捕捞等）、全球环境问题（如温室效应、臭氧层和生物多样性等）对面临紧迫的当地环境问题的国家来说，就显得很抽象，也很遥远。

　　人类活动作为一个强大的扰动因素已经对自然环境发生了显著的作用和影响。在十年和百年尺度上，人为扰动的强度和幅度已达到与自然扰动相比拟的程度，甚至更强。这一基本的科学事实表明，人类既能够通过科学进步，促进社会发展，造福于人类，又能够给自己带来某种危及自身生存的潜在危害。因此，人类必须节制自己的活动，防止人类活动诱发和加剧对区域环境的破坏，保护人类赖以生存的自然环境。

四、环境问题与地理科学创新

　　地理学虽然是一门古老的学科，目前仍然呈现勃勃生机，这是因为地理学所研究的地理环境与人类的生存和发展的关系密切相关，在人类发展的长河中，人地关系恐怕是一个永恒的论题。独特的研究指向，使地理学一直保持着自己的学科地位。在环境变化问题成为全球关注的今天，其重要性更显突出。

　　地球表层的环境问题已经成为当代最重要的全球关注。美国生物学家卢伯辰科认为"21世纪将是环境（科学）的世纪"。另一些美国生物学家指出："全球环境变化是由人类支配的。"人类社会在环境变化中的作用如此重要，以至于即使是自然科学家也在寻求一种新的"社会契约（social contract）"，为的是不仅更好地认识生物圈和人类圈之间的相互作用，而且更好地将研究成果应用到全球可持续发展的决策的实际政策中。用卢伯辰科的话说："这种契约强烈召唤着新的研究途径和管理途径。例如，需要各种创新机制来促进对跨越多时空尺度的复杂问题和多学科问题的研究，来鼓励社会问题研究的部门合作和国际合作，来有效地构筑政策、管理和科学之间，以及公共部门和私有部门之间的桥梁。"

目前世界最大的自然科学国际合作项目"国际地圈—生物圈研究计划（International Geosphere-Biosphere Program，简记为 IGBP）"所设立的一系列子计划正是反映了科学发展对这种社会需求的响应，该计划包括以下内容：

（1）国际全球大气化学计划（International Global Atmosphere Chemistry，简记 IGAC）。

（2）水文循环的生物圈方面（Biosphere Aspects of Hydrological Cycle，简记 BAHC）。

（3）全球变化和陆地生态系统（Global Change and Terrestrial Ecosystems，简记 GCTE）。

（4）全球海洋生态系统动态（Global Ocean Ecosystems Dynamics，简记 GOED）。

（5）海岸带的地-海相互作用（Land-Ocean Interactions in the Coastal Zoom，简记 LOICZ）。

（6）全球海洋通量研究（Joint Global Ocean Flux Study，简记 JGOFS）。

（7）过去的全球变化（Past Global Change，简记 PGC）。

（8）土地利用与土地覆盖变化（Land Use and Land Cover Change，简记 LUCC）。

同样，世界最大的社会科学国际合作项目"全球环境变化的人类因素研究计划"（International Human Dimensions of Global Environmental Change Program，简记为 IHDP）打破学科界限，力图以新的途径来研究人类社会对环境变化的贡献、环境变化对人类社会的影响、人类社会对环境变化的适应和减缓对策等。已经设立的计划如下：

（1）土地利用与土地覆盖变化（Land Use and Land Cover Change，简记 LUCC）。

（2）全球环境变化与人类安全（Global Environmental Change and Human Security，简记 GECHS）。

（3）全球环境变化的体制方面（Institutional Dimensions of Global Environmental Change，简记 IDGEC）。

（4）产业转型（Industrial Transformation，简记 IT）。

美国科学院院士、当代地理学家怀特开创了自然资源、自然灾害和人类环境综合科学研究的先河，至今仍然是地理学研究的主流方向之一。IGBP 和 IHDP 两大国际合作项目就是怀特的弟子凯兹、伯顿等人倡导建立的。IHDP 项目中有一半是由地理学家领导，地理学家在很多 IGBP 项目中也有突出的表现。这表明地理学在当代全球环境变化研究中起着不可替代的作用。

其中，LUCC 计划是由自然地理学家提出，IGBP 和 IHDP 共同设立的，也由自然地理学领导。其目标是：更清楚地认识地方、区域和全球尺度上的土地利用和土地覆盖变化（土地退化、荒漠化、生物多样性丧失等）状况和过程，认识这些过程中的自然和人文驱动力。LUCC 计划典型地反映了自然科学和社会科学的综合趋势，IGBP 和 IHDP 的其他子项目也都具有强烈的跨学科性质。

地理学在创新领域中有广阔的创新机会。地理学的独特作用在于它架设了联结自然科学和社会科学的桥梁，建立起地方尺度、区域尺度和全球尺度研究之间的联系，填平区域差异及其认识上的鸿沟。

第二节　环境与发展的关系

环境是人类赖以生存的基本要素，同时也是社会和经济持续发展的物质基础。

环境问题与人口、资源问题等被称为当今世界的重大问题，而环境问题涉及面之广泛，影响程度之深远更为突出，同时环境问题又是一个十分复杂的问题，不同的国家有不同的特征。发达国家的环境问题主要表现为现代化工农业发展和消费活动排出废物造成的环境污染，发展中国家主要表现为人口增长过快和贫困引起的生态环境破坏。环境保护的作用是多方面的。要对环境保护有深刻的认识，必须首先了解环境与发展的辩证关系。

环境与发展的关系可以从下面四个方面理解。

一、环境对发展的促进作用

（一）环境要素的量与质对发展的支持

环境要素是指阳光、空气、土壤、水及各种地上和地下的、生物与非生物资源等。它们都是人类发展经济活动的主要物质对象和能量来源。离开了这些环境要素，人类社会的经济活动就无从谈起。环境要素对经济活动的支持，主要体现在量和质两个方面。在数量方面，很难想象，没有足够的土地资源，如何能够去盖厂房、修公路？没有足够数量的淡水资源，如何能够去建设发展城市？没有足够数量的深水岸线，如何去建设码头、港口？没有足够数量的滩涂，如何去发展海产养殖？等等。然而，光有数量方面的支持是不够的，环境要素对经济发展的支持还有质的方面。同样很难想象，即使滩涂面积很大，但海水污染严重，海产养殖如何能得到健康发展？即使淡水资源的数量很多，但水质很差，又如何能够促进城市工业的发展，保证城市居民的健康生存？可见环境要素对经济社会发展的支持取决于环境要素的量与质两个方面。量多质高的环境要素对人类经济社会发展活动的支持程度就高；反之就低。

（二）环境系统的净化能力对发展的支持

人类社会的经济发展活动，一方面不断地从环境中索取物质和能量；另一方面又不断地向环境中排放大量的各种各样的废弃物。环境系统具有一定的净化能力，能够通过环境要素中和环境要素间的物理作用、化学作用和生物作用把废弃物加以转化，并进入到环境要素中有关物质的再生过程中。正因为环境系统具备这样的能力，才对人类社会经济发展活动的持续进行提供了可能。这是从另一个方面对经济发展活动提供支持。可以想象，如果没有这种支持，人类早就被千百年来祖祖辈辈的经济活动排放出的污染物"淹没"了。环境系统净化废弃物的能力大小因废弃物的种类的不同而不同。

（三）环境系统的结构状态对发展的支持

环境系统的结构状态，指的是构成该环境系统的主要环境要素之间的数量比例关系、空间的位置关系以及联系的内容和方式。不同地区和不同发展时刻的环境，其结构状态是不同的，对人类经济发展活动的支持能力也不同。此外，人类经济社会发展活动的内容也有明显的层次性，首先是经济结构类型的层次，即经济发展方向分布的层次；其次是经济发展活动在平面上的安排，即经济发展空间分布的层次；再次就是经济活动的规模配置，即经济发展强度的分布层次。因此，环境系统结构状态对人类经济社会发展活动的支持，在不同的层次上有不同的内容或体现。比如，平原地区可以对农业发展活动提供较大的支持；森林地区可以对林业发展活动提供较大的支持；河网地区可以对养殖捕捞业提供较大的支持；草原地区可以对畜牧业发展活动提供较大的支持。又比如，地区有什么样的资源结构，就可以对地区相应的经济结构的发展提供物质基础及支持，等等。注意，这里只用了"可以"而没有用"一定"这个词，因为经济社会发展是多因素共同作用的结果，环境系统的状态只是其发展的一个方面。但不管怎样，环境系统的结构状态是经济社会发展活动的有力的支持条件，这一点是确实的。

二、环境对发展的限制作用

（一）环境要素的限制

环境之所以能限制发展，是因为环境资源是有限的。这里所说的环境资源是指自然资源。联合国教科文组织根据多年的经验，对自然资源定义为："自然资源是指从环境中得到的、可以采取各种方式被人们使用的任何东西。广义地讲，自然环境中除了人以外的所有要素都可看作为自然资源，但通常只是把它局限于对人有潜在用途的自然要素与自然条件。"虽然各种环境要素都具有再生能力，但其大小、快慢总是有一定的限度。比如像煤、石油等非生物资源的再生能力就很小，几乎可以认为是不可再生的；鱼、虾、牛、羊等生物资源的再生能力虽然较大也较快，但也有一定的限度；土壤、森林、草原、淡水等要素的再生能力属于中等。总之，环境要素资源的再生能力是有限的，人类社会的发展活动必须尊重这一客观存在的事实。过去人们对这一点的认识不足，没有很好地重视它的约束作用，从而导致很多开发过度的行为，如滥伐森林、毁坏草原、盲目开采等，致使在许多地方甚至在全世界都出现了所谓的资源问题。从长期来看，资源问题首先是可再生资源受日益强烈的人为破坏和过度利用，再生速度和能力逐渐降低，从而导致环境质量下降；其次是不可再生资源随着人类工业活动的不断加强，变得越来越少。这样，当某一天这些资源消耗完后，工业化社会将无法维持，人类发展将陷入困境。

（二）环境系统净化能力的限制

环境系统具有自净协调的功能，当有限的污染物排入某种类型的环境系统中，可能对环境系统的影响不大，这是因为环境系统自身的协调、自净能力使污染物迁移、转化或消失在环境系统的代谢过程中。这在治理河流污染、净化池塘湖泊和土地处理等污染处理工作中常常遇到。但是环境系统的容量是有限的，过多的污染物或环境不利因素进入环境系统而超过其本身的环境容量时，将会产生污染，破坏生态环境。因此，人类对环境资源的开发利用，必须维持自然资源的再生能力和环境质量的恢复能力。

环境容量是指某环境单元所允许承纳的污染物的最大数量。它是一个变量，由两个部分组成，即基本环境容量和变动环境容量。前者也称稀释容量，可以通过环境质量标准减去环境本底值获得；后者也称自净容量，是指该环境单元的自净能力。可以认为环境容量反映了生态平衡规律，污染物在自然环境中的迁移转化规律，以及生物和生态环境之间的物质能量交换规律为基础的综合性指标。所以，环境容量是自然生态系统的基本属性之一，由自然生态环境特性和污染物特性所共同决定的。合理利用环境生态系统的稀释和自净容量，对防治环境污染具有重要的经济价值。在这个意义上，环境容量是一种环境资源，应充分加以利用。从环境容量的定义来看，由于其核心是环境资源与其净化能力是有限的，故其对发展也必然会产生限制作用。

（三）环境系统结构状态的限制

环境结构状态对发展的限制以最小因子律的规律形式表现出来。最小因子律的含义是指决定系统发展的不是数量最多的因素，而是最短缺的要素，也就是常说的瓶颈要素。系统中有的要素数量过多，有的则十分短缺，显然是有问题的结构状态。这种结构状态必然对发展起限制作用。

环境系统的结构状态对发展的限制还表现在自然灾害的影响。由于自然和人为的原因，环境系统，特别是生态系统的稳定性降低，环境波动加大，异常变化增多，打破了长期以来人类与环境之间建立的平衡关系（人类活动与环境常态的平衡）。当环境波动超出了人类的承受范围时，就会对人类的生命和财产造成破坏，从而破坏人类的发展成果。可见，环境系统结构状态对人类经济社会发展的限制是不可低估的，必须认真对待。

三、发展对保护环境的作用

（一）提高环境资源效率和降低资源利用强度

节约资源与资源效率是两个紧密联系而又明确区分的概念。资源效率是主要依靠技术手段来提高资源的利用效率。节约资源是侧重于资源生产利用的经济效益，它是采取技术上可行、经济上合理以及环境和社会可接受的一切措施，以有效地利用资源。也就是说，节约资源旨在降低资源强度。为此，要在资源利用系统的所有环节，主要包括开采、加工、转换、输送、分配到终端利用，从经济、技术、法律、行政、宣传、教育等方面采取措施，来消除资源的浪费，充分地发挥资源在自然规律所决定的限度内的潜力。发展不仅能够提高资源效率，而且还能够降低资源强度，从而延长非可再生资源的使用年限，为过渡到以可再生资源为基础的资源利用系统赢得时间；减轻资源利用对环境的损害。例如目前我国每节电 1 亿 kWh，可减排 SO_2 640t，CO_2 24700t。又如我国北方某缺水地区，采取喷灌方式灌溉的一次性用水量大约是 $300m^3/hm^2$，与渠道灌溉用水量 $1500m^3/hm^2$ 相比，减少了 80%。

（二）人类生存环境安全性的提高

环境稳定性降低和自然致灾因素的增加，并不一定会导致灾害发生频率和强度的增加。这是因为发展本身不仅带来经济增长，而且还会带来人们收入水平的提高和抵御自然灾害能力的提高。这样在发生同样致灾因素强度的情况下，由于人们抵御能力的提高，过去能够产生重大灾害损失而现在则产生较小损失甚至不产生损失。可见，通过对人类生命财产保护工程的投资，通过对环境危机的宣传教育，通过政府有效的环境与灾害管理，提高了人们生存环境的安全性。

另一方面，通过对环境系统的保护和建设，发展还能够提高环境系统的稳定性，减小环境的波动幅度，从而减少致灾因素的发生强度和发生频率，同样也会增加人类生存环境的安全性。

（四）发展对环境的破坏作用

这主要指的是人类对环境资源和环境系统的不合理开发利用，造成资源退化、环境污染、自然灾害。环境系统虽然具有一定的净化能力，但是这种能力是有限的。如果不考虑环境系统的特点，无限制地向环境中排放废弃物并超出环境系统的净化能力，环境系统的净化机制将遭到破坏，从而产生危害人类生存的环境问题。环境问题主要包括环境污染和生态环境质量下降两个方面的含义。环境污染是指由于自然环境中有害物质含量增加，破坏了自然环境各组成要素（大气圈、水圈、岩石圈和生物圈）的原有物质成分和结构，导致环境要素及整个环境系统的净化能力降低或丧失，并发生严重的质量退化，从而使其中的有害物质对人类健康造成危害。其表现可分为大气污染、水污染和陆地污染三类。生态环境质量退化是指由于自然环境系统某一组成部分的功能遭到破坏以及环境污染的影响，导致环境系统本身按正常规律运动的能力（或者说是自我平衡能力）降低，异常变化多，整个环境系统发展呈现出越来越多不利于人类生产和生活的趋势，其具体表现为大气臭氧层变化、温室效应增加、气候异常变化加强、淡水资源短缺、土壤侵蚀和沙漠化加强、森林面积和生物种类迅速减少、土地和草场退化等。

尽管人类在解决环境限制因素方面已经取得了重大进步，但是环境中的限制发展因素依然存在，并不可避免地对人类经济社会的发展起着破坏作用。一些突发性的灾害因素更是如此。这一方面是因为人类对于环境限制因素的发展变化规律的认识存在局限，对有些灾难性因素如地震，人们还不能准确地预知其发生时间、地点和强度，人类难以采取相应的防御措施；另一方面，一些自然限制因素如台风、火山等的能力强度超出了人类的控制能力，人类无法阻止它们的发生；此外，人类在利用环境资源时也在不断地产生环境限制因素。因此，环境对发展的限制是不可避免的，但是我们相信，这些限制因素所产生的损失是可以降低的。对于人类整体而言，不仅要看到环境对发展的支持作用，更要看到环境对发展的限制作用。正确处理人与环境限制的关系应该是：当环境限制因素的发生规模较小，有可能通过人类自身的努力而加以防止时，应尽一切努力避免它造成损失；而当环境限制因素的发生规模超出了人类的防御能力时，则应尽可能地减少其造成的损失。

第三节　环境与持续发展

环境，作为一个广泛使用的名词，其含义是十分丰富的。从哲学的角度来看，环境是一个相对的概念，即它是一个相对于主体而言的客体。环境与其主体是相互依存的，它因主体的不同而不同，随主体的变化而变化。因此，明确主体是把握环境概念及其实质的前提。显然，在不同的关于环境的学科中，对环境的研究内容是不同的，其差异源于对主体的界定。在环境科学中，环境是指以人类社会为主体的外部世界的全体。这里所说的外部世界主要是指：人类已经认识到的、直接或间接影响人类生存与社会发展的周围事物。它既包括未经人类改造过的自然界，如高山、大海、江湖、天然森林以及野生动植物等；同时包括经过人类社会加工改造过的自然界，如街道、房屋、水库、园林等。要认识人类的环境，就必须对人类生态系统有所了解。

一、人类生态系统及其构成

人类生态系统是以人类为中心的生态系统。与其他类型生态系统显著不同的是，人类作为唯一以"文化"形式来适应环境的动物，直接参与其生态系统的构建过程，并且在发展进化过程中，不断地提高其参与建设的能力，从而不断地改变着生态系统的性质和人类与环境的关系。从演化的角度看，以工具和火的使用、农业的出现、文明社会的出现和工业革命为标志，在人类的历史上人地关系至少发生四次明显的异化，每次异化都使人类生态系统得到进一步发展，并把人地关系推进到一个新的阶段。工具和火的使用使技术要素加入到人类生态系统之中，是人类成为有"文化"的动物的开始，标志着人类开始有意识地去适应环境，并成为主动的消费者。

农业革命导致人为环境的产生。随着农业的出现，地球上出现了一种凝集了人类劳动投入、具有向人类提供食物功能的新型景观——农业景观，它导致了人类食物链结构的根本性变化。这种由人类活动而产生的地理环境被称为人为环境，它是人类生存必不可少的环境的一部分，把原来人类对自然环境的直接依赖关系部分转变为人对人为环境的依赖关系和人为环境与自然环境之间的关系。此后的人类集生产者和消费者于一身，不再单纯地直接依赖于自然环境所提供的条件，而开始具有根据自身需要对环境进行再创造的能力。文明社会的出现产生了社会环境。在进入文明社会之后，社会环境成为在自然环境和技术之外又一制约人类发展的重要因素，超出人类生理需求的社会消费也相应出现。在文明社会中，自然现象、人为环境和人类三者之间的资源、生产和消费的平衡，不再是一种自然平衡，而是受到人类社会行为所干预的平衡。社会环境的出现也为自然环境影响人类提供了一种新的途径，即通过对社会事件的影响而影响人类。

工业革命使人类生态系统中每个成分的内涵以及彼此之间的关系在深度和广度

上均发生了新的变化。对地质矿产资源尽最大可能地开发利用，不仅使资源的主体内容有了新的扩展，而且使人类的发展不仅与当代的地理环境相联系，而且与地质时期的古地理环境相联系，即人与自然环境的滞后相关。资源地、生产地和消费地的分离，使一个地区生产不仅与当地的资源与消费需求相关，而且还与其他地区相联系，出现人类与环境异地相关的局面。工业化使人类终于由环境的产物变成影响自然过程的重要营力。目前人类的活动能力已达到这样的程度，即有可能从根本上改变未来环境的进程，对未来人类的生存产生重大影响，其中包括灾难性影响。这使现代的人类活动还会与未来的环境相联系，产生超前相关。工业化导致城市、道路交通系统的空前发展，使人工自然继人化自然之后亦成为人为环境的主体内容。工业化为人类提供了诸如汽车、电视、空调以及教育、卫生、娱乐、社会活动等非维持生命所必需的消费，其消费量已远远超过了基本生理需要的部分，在生产和消费的平衡中占有更大的份额。

经过四次变化，形成了现代生态系统，其环境内涵大致包括以下三个方面复杂的要素。

（一）自然环境要素

自然环境是指那些基本保持自然状态的各种生态系统和大气、水、地貌等自然客体，是人类生存与发展的物质基础。它主要包括由生物圈内外自然因素和生物圈整体物质能量流动过程维持的大气、水系、土壤条件和气候状态；作为生物圈要素和子系统并与人直接或间接相互作用的生物物种、种群和生态系统；支持人为环境系统运行的自然物质资源和能量资源；对人类自身及人为环境起限制或破坏作用的自然状态和过程。

（二）人为环境要素

人为环境是人类所特有的环境，它是由人类社会生产过程产生的物质实体，构成了人与自然环境之间联系的中间环节和屏蔽层。人为环境是自然环境为人类所提供的作为生产资料和生活资料的自然资源的转换器，同时也是人类所需求物质产品的加工厂。人类在这里对自然资源进行开发利用，并将其转化为人类所必需的物质产品，供人类消费。与此同时，人为环境作为人与自然环境之间的屏蔽层可以把环境对人的限制和危害减少到最低限度。人为环境就是物化形式的人。自然环境对人的某些影响表现为对人为环境的影响，并通过它对人类产生作用。相比较而言，自然环境对人为环境的影响比其对人类生理上的直接影响更为重要。人为环境主要包括人化自然和人工自然两部分。

人化自然是指打上人类活动的明显烙印、受人类意志明显影响和控制并已改变了原生状态的自然系统。它们的运行仍遵循自然规律，但是它们的结构和功能均受到人为的改变，以适应人类的需要，并依靠人类的劳动才能维持系统的稳定。作为人类食物链基础的农田、人工林、牧场、渔场等人工生态系统，水库、运河等人工水体以及人造沙漠等其他因为人类活动而明显变化的自然景观，都属于此类。

人工自然是指人类利用自然物质，经过劳动过程创造出来的物质系统。它们具有不同于自然状态的新结构、新功能。在现代社会生产和生活中的技术设备系统、物质资料和物质设施，如机器、合成材料、建筑物、通信网、交通网等均属于此类。

（三）社会环境要素

社会环境是人类特有的环境要素。它主要包括人口（即人类种群）、社会生产技术方式、社会的经济关系、政治制度、意识形态等方面的内容。在人类社会中，人类的许多行为是受社会环境协调的。社会环境因素的作用使人类按一定方式结合成有机的整体，从而产生与个体不同的行为，产生与个体不同的功能有序的社会、适当的政治组织形式能够使自然资源实现最优的开发利用，维持人口的稳定增长，为人类的生存提供更多的可能性；相反，腐朽的社会制度、混乱的社会秩序都不可避免地导致人为灾害进而危害人类的生存。

二、环境的基本特性

环境的特性可以从不同的角度来认识和表述。从人类生存与发展的角度看，环境具有以下基本特性。

（一）整体性与区域性

环境的整体性是指环境的各个组成部分和要素之间构成了一个完整的系统，因此也称系统性。亦即在不同的空间中，大气、水体、土壤、植被乃至人工生态系统等环境组成部分之间，有着相互确定的数量和空间位置的排布及其相互作用关系。环境的各个组成部分之间以特定的形式联系在一起，形成特定的结构，并通过相对稳定的物质、能量流动网络以及彼此之间的关联变化规律，在不同的时刻呈现不同的状态。

环境的整体性是环境系统最基本的特性。整体虽然是由部分组成的，但是整体的功能却不是各个组成部分的功能的组合，而是由组成整体的各个组成部分之间通过一定的联系方式所形成的结构以及所呈现出的状态决定的。一般来说，水、气、土、生物和阳光是构成环境的五个组成部分，作为独立的环境要素，它们对人类的生存发展各有自己独特的作用，这些作用不会因时间与空间的不同而不同。但是，由这五个要素组成的某个具体环境，则会因这五个部分之间的结构方式、组织程度、物质能量流的规模与途径等的不同而具有不同的具体特性。如城市环境和农村环境、水网地区环境与干旱地区环境、滨海地区环境与内陆地区环境等，就分别具有不同的环境特性和功能。

环境的区域性是指环境特性的区域差异。具体来说就是：不同（面积大小的不同或地理位置的不同）区域的环境具有不同的整体特性，它与环境的整体性是同一环境特性在两个不同侧面的表现。环境的整体性和区域性使人类在不同的环境中采取了不同的生存方式和发展模式，进而形成了不同的文化。

（二）变动性和稳定性

环境的变动性是指在自然和人类社会行为的共同作用下，环境的内部结构和外在状态始终处于不断地变化之中。事实上，人类社会的发展史就是人类与自然界不断相互作用的历史，同时也是环境系统的结构与状态不断变化的历史。

与环境变动性相对应的是环境的稳定性。与变动性相比，稳定性是相对的。所谓稳定性是指环境系统具有一定的自我调节功能的特性。也就是说，在外在影响（包括人类社会行为作用）所导致的环境系统结构与状态的变化不超过一定的限度时，环境就可以依靠自身的调节功能使这些变化逐渐消失，结构与系统才得以恢复。

变动性与稳定性是共生的，是相辅相成的。变动是绝对的，稳定是相对的，前述的"限度"是决定能否稳定的条件。环境的这一特性表明：人类社会的行为会影响环境的变化，因此，人类必须自觉地调控自己的行为，使之与环境自身的变化规律相适配、相协调，以求得环境向着更加有利于人类社会生存发展的方向变化。

（三）资源性和灾害性

人类之所以对环境如此重视，其根本原因在于人类越来越深刻地认识到，环境是人类社会生存与发展须臾不能离开的基础。没有环境就没有人类的生存，更谈不上人类的发展。从这个意义上看，环境具有不可估量的价值。

环境的价值源于环境的资源性。人类的繁衍、社会的发展都是环境对之不断提供物质和能量的结果。也就是说，环境是人类社会生存与发展必不可少的投入，因此环境就是资源。过去，人们较多地注意环境资源的物质性方面（以及以物质为载体的能量性方面），如地上的生物资源，地面的土地、土壤、淡水资源，地下的矿产资源等。这些无疑是环境资源的重要组成部分，是人类社会生存发展所必需的物质基础。但是现在，随着人类对环境科学研究的深入，人们已进一步认识到，环境资源除了其物质性方面之外，还包括非常重要的非物质性方面，即环境的整体状态。环境的呈现状态也是资源。不同的环境状态对人类社会生存与发展将会提供不同的条件。例如，同样的滨海地区，有的环境状态有利于发展港口，有的则有利于发展滩涂养殖；同样是内陆地区，有的环境状态有利于发展重工业，有的则有利于发展旅游业等。可见，环境状态会影响人类的生存方式和发展方向的选择，并对人类社会发展提供不同的条件，这就是环境的资源性。

与环境资源性相对的是环境的灾害性。从历史上看，人类社会的发展史就是人类与环境相互作用的历史。在特定的历史阶段，人类与环境的相互作用将会达到某种平衡，这种平衡具有一定的稳定性。但是，由于变动性是环境的基本特性。因此，当环境的变动幅度较小不足以破坏上述平衡时，任何环境要素或环境的状态都会为人类所利用，成为环境资源；相反当环境的变动幅度超出平衡所允许的限度时，平衡就会被打破，任何环境要素或状态都会成为破坏人类生存与发展的因素，给人类的生命、财产以及生存环境造成损失，这就是环境的灾害性，如地震、台风、干旱、洪水、病虫害、水土流失、荒漠化等。环境的灾害性就是环境变动幅度或频率超出人类社会的承受能力，并造成人类生命、财产损失和生存环境破坏的后果。从环境的资源性和灾害性可以看出，环境是一把双刃剑，人类必须善待它。

三、环境与区域持续发展

（一）区域持续发展的限制因素

作为对发展起着破坏作用的各种环境限制因素是区域发展不可持续的重要原因。在人类生态系统中，存在着众多限制区域持续发展的因素，它们分别来自自然环境、人为环境和社会环境。

由自然环境产生的发展限制因素主要包括两个方面：一是人类难以避免的具有破坏力的自然现象，如地震、台风、泥石流，它们一旦发生，就会形成灾难性后果，即灾害；二是由于人类利用自然环境而产生的发展限制因素。自然界中的资源因素和灾难性因素是相对于人类可利用程度而言的，能够被人类所利用的自然因素都可以称为资源性因素，或称为自然资源。人类对自然资源的利用方式是与一个地区的自然资源平均的结构和状态相匹配的。如果自然环境的变化超出了人类社会所能够承受的范围，或者人类对资源的利用偏离了自然资源利用的合理范围，造成资源的不足或过剩，都有可能成为灾害性因素，限制区域经济社会的发展。

由人为环境产生的发展限制因素包括三个方面：一是技术失误，它是在人为环境的建设、维持、运转过程中产生的，如交通事故、放射性事故、建筑物坍塌事故等；二是环境污染，主要包括物理、化学和生物污染，是人们在生产与生活中向自然界排放废弃物超出自然环境的净化能力而产生的环境退化现象；三是生态环境破坏，主要是人类对自然资源和生态环境的过度利用所致，如土地荒漠化、环境酸化等。

由社会环境产生的发展限制因素包括人的错误决策和错误行为，如战争、政治动乱、恐怖主义、管理体制落后等。

（二）保护环境、促进发展

发展过程中最为主要的部分就是与物质生产（即人为环境建设）过程相联系的各种因素的互相作用。区域的物质生产过程是人类基于对区域的自然资源和灾害的认识、以及所具有的技术条件和经济实力，对区域的自然进行开发利用的过程。资源、技术和资金是区域发展的基础条件。区域生产的进步，增加了社会的物质财富，提高了人类抗御自然灾害的能力，会增加区域环境所承载的人口数量，促进社会的繁荣和技术的进步。这一方面能够进一步提高生产能力；另一方面也会增加消费需求的数量和生产过程中的不安全因素。从人类与环境的关系史来看，生产往往以自然环境的破坏为代价，其结果必然会引起自然资源与自然灾害状况的相应改变，并反过来对生产过程产生影响；生产在提高了人类抵御自然灾害能力的同时，也增加了人为的灾害因素，对生产和发展构成威胁。可见，发展是上述相互作用和反馈结果的最终体现。也就是说，发展是在扣除环境限制因素所造成的损失以及人口增长所产生的压力之后的经济增长成果。从相对意义来看，保护环境和减灾意味着改善生态环境，减少环境限制因素所产生的损失，从而使增加的国民财富中用于发展的份额增加，可见，减灾和保护环境就意味着发展，并且是不增加资源消耗、环境不被进一步破坏的发展。

环境系统在自然力和人为力的共同作用下，对人类的生存与发展提供如下支持：首先通过环境因素的区域耦合形成的生命保障系统，对人类的生存与发展提供承载力；其次通过对环境系统发展过程的动态分析，环境系统通过其内部复杂的联系而形成的稳定性，为人类社会的发展与环境系统保持平衡提供支持；再次是环境系统具有特定的环境容量，能对人类及其他来自环境系统外部的冲击或干扰加以消融或抵消，具有一定的缓冲力，对人类在发展中进行环境治理提供支持；最后是通过环境系统内部及外部的物质能量循环，通过人类对自然物质能量转化的介入，为人类社会发展提供经济支持，这四个方面的支持力共同构成了区域持续发展能力。

也就是说，区域持续发展能力主要包括环境的承载力、环境稳定性、生态缓冲力和区域生产力四个组成要素。它是区域持续发展的基础。在以上的每个层次和每个环节中，都有允许环境变动的阈值范围，只要超过了特定的阈值范围，环境系统都会对人类社会发展进行限制。单个要素的随机性变化如此，各要素的非合理匹配与相矛盾的组合也如此，其结果是导致区域持续发展能力的下降。这里把环境系统对人类社会发展起促进作用的所有因素统称为环境支持力，即资源力；把所有对人类社会发展起限制作用的环境因素统称为环境限制力，也称灾害力。由环境资源力和环境灾害力共同构成区域可持续发展力。环境资源和灾害与区域发展的总体关系。因此，区域的可持续发展不仅仅是区域的生产力水平的提高，而是在生产力水平提高的同时，保护自然环境的生命保障系统的承载力，保持环境系统具有特定的稳定性，保护生态系统的净化能力。也就是说，在克服各种环境灾害力的基础上，促进环境资源力的稳定提高，这样才能保证区域的可持续发展。

从上述分析可知，环境对于人类发展既有支持力又有阻碍力。环境对发展的支持力表现为各种环境资源因素，而环境对发展的阻碍力表现为各种灾害因素。环境资源因素或灾害因素只有与人类的发展相结合，才能成为具有实际意义的资源或灾害。当然，发展也具有两重性，有的发展有利于环境保护，但有的发展则是对环境的破坏。

第四节　环境保护思想的产生与发展

一、当代环境保护思想的孕育

环境保护的思想与实践有着悠久的历史。中国春秋战国时代就有保护正在怀孕或产卵期的鸟兽鱼鳖的"永续利用"思想和定期封山育林的法令。英国伦敦在13世纪70年代曾颁布了一项禁止使用烟煤法令。一般认为，生物学家 R. 卡逊的《寂静的春天》是现代环境运动的开路先锋，其实地理学家们早就敏锐地指出，工业社会以来人类活动显著地改变地球面貌的事实并发出警告。马什的《人与自然：人类活动改变了的自然地理》一书可能是第一个系统论证这个问题的著作，比 R.卡逊的《寂静的春天》早近 100 年，甚至比恩格斯的名言"我们不要过分陶醉于我们对自然界的胜利。对于每一次这样的胜利，自然界都报复了我们"还要早。托马斯在其主编的名著《人类在改变地球表面的作用》中进一步做了充分的说明。但是，人类真正开始认识环境问题还是在 20 世纪 60 年代之后。20 世纪 50—60 年代发生了震惊世界的"八大公害"事件，引起了西方工业国家的人民对公害的强烈不满，促使一批科学家积极参与环境问题的研究，发表了许多报告和著作，形成了许多有代表性的观点和学派，对环境保护思想和理论的发展产生了重大影响。

（一）R.卡逊和《寂静的春天》

R.卡逊的《寂静的春天》这本书，出版于 1962 年，已被译成多种文字。在美国环境问题开始突出时，R.卡逊花了四年的时间遍阅美国官方和民间关于使用杀虫剂造成危害情况的报告，并在此基础上，写成了该书。

《寂静的春天》描述了杀虫剂污染带来严重危害的景象：许多鸟类物种绝迹；从南极的企鹅到北极的白熊，甚至在因纽特人身上都发现了 DDT 成分。她还描述了污染物迁移、转化的规律，阐明了人类同自然界的密切关系，初步揭示了污染对生态系统的影响，提出了现代生态学研究所面临的生态污染问题。

（二）罗马俱乐部和《增长的极限》

罗马俱乐部是一个跨国学术团体。在 20 世纪 60 年代末、70 年代初，该俱乐部组织了多国科学家、学者组成的专家小组进行了为期一年多的研究，于 1972 年发表了著名的《增长的极限》研究报告。

《增长的极限》的主要论点是：人类社会的增长是由五种相互影响、相互制约的发展趋势所构成的，即加速发展的工业化，人口剧增，粮食短缺和普遍营养不良，不可再生资源枯竭以及生态环境日益恶化。这五种发展趋势都呈现指数增长特征。所谓指数增长是指一个一定的数值在一定的时间内按一定的比例增长，而另一个重要特征就是通向极限的突发性。动态理论认为，任何一个指数增长系统都由一个正反馈环和一个负反馈环构成。人类社会五种发展趋势的增长构成了正反馈环，且均以指数增加特征发展：人口翻一番所需时间由 17 世纪中期的 250 年，缩短到 20 世纪 70 年代的 33 年。人口增长和人均生活水平的提高，需要更多的粮食和工业产品，从而使耕地需要量和工业生产量增长。工业的发展，不可再生资源消耗增长，使排入环境的污染物增长，使生态环境日益恶化。由于环境破坏是受上述多种趋势综合作用的产物，其增长速度将超过人口增长和工业增长。由于地球的有限性，这五种趋势的增长是有限的。如果超越这一极限，其后果很可能是人类社会突然无可挽救地瓦解。

但是，在任何一个有限的系统中，都必定存在一些足以阻止指数增长的障碍。这些障碍就是所谓的负反馈环。当增长越来越趋于人类环境的最终极限时，负反馈环的作用将变得越来越强，当负反馈环平衡或压倒正反馈环时，增长就停止了。在人类—环境系统中，负反馈环主要包括环境污染、不可再生资源枯竭和饥荒、瘟疫等。人类社会在许多地方已经感到来自负反馈环的压力，这个压力阻止着增长。人们为了追求经济增长，开始着手对付并采取各种措施来削弱负反馈环的作用，以保持继续增长的势头。如以发展科学技术来解决环境问题。然而科学技术虽能够解决某些当前的环境问题，但是它不可能从根本上解决发展的无限性与地球有限性这一根本矛盾。科学技术只能推迟"危机点"的出现，延长增长的时间，但它无法消除"危机点"。因此，人口和经济的增长是有限度的，一旦达到这个限度，增长就会被迫停止。

由此，《增长的极限》得出结论，人类社会经济的无限增长是不现实的，而等待自然极限来迫使增长停止又是难以接受的。出路何在？人类社会应走最可取的道路——人类自我限制增长。"自我限制"方案要点如下：

保持人口的动态平衡。让每年出生的人口等于每年死亡的人口，使人口总数保持不变。保持资本拥有量的动态平衡。让每年新增投资额等于每年的资本折旧额，使总资本保持不变。

大力发展科学技术。尽可能地提高土地的生产率，尽可能地减少生产每一单位产品所消耗的资源数量和排放的污染量。

该报告还指出，如果从 1975 年起实现了人口不再增长，资源的消耗量和污染排放量都减少到目前的 1/4。又假如从 1990 年起实现工业资本不再增长，则未来的世界将是一个稳定的、保持动态平衡的世界。《增长的极限》所提出的思想和理论，被后人称为"零增长"学派。

《增长的极限》出版后，引起了世界上广泛的、激烈的辩论。虽然众说不一，但其所提出的五种发展趋势被人们归纳为"人口、资源、环境、发展"，成为世人关注的全球环境问题。毫无疑问，被后人称为环境保护的先知先觉的罗马俱乐部的各国学者，在唤醒世人的环境意识方面具有功不可没的历史地位。他们的研究，引发了第一次环境思想的革命，促使人们认真地考虑未来社会的发展模式，促进了可持续发展战略的提出。当然，由于历史和思想的局限性，"零增长"学派对人类发展产生悲观厌世的思想，提出了"反增长"的观点。

（三）《只有一个地球》

《只有一个地球》是英国经济学家 B. 沃德和美国微生物学家 R. 杜博斯受当时联合国人类环境会议秘书长 M. 斯特朗的委托，为 1972 年人类环境会议提供的背景材料，是在 58 个国家 152 位专家组成的通信顾问委员会的协助下编写完成的。这是一本讨论全球环境问题的著作。该书从整个地球的发展前景出发，从社会、经济和政治的角度，评述经济发展和环境污染对不同国家的影响。全书共分为五部分：地球是一个整体；科学的一致性；发达国家的问题；发展中国家的问题；地球上的秩序。该书指出了人类所面临的环境问题，呼吁各国人民重视维护人类赖以生存的地球。

在 20 世纪 60 年代末、70 年代初，一大批科学家投身于环境保护的行列，形成了许多学术思想，撰写了众多的著作，对推动世界各国的环境保护产生了广泛的影响，提高了世人对环境问题的认识，引发了第一次环境保护思想的革命。这些被后人称为环境保护先驱的人物和学派的环境保护思想和理论，尽管存在一定的片面性，但是他们对于现代环境保护思想的产生和发展所起的推动作用是巨大的。

二、当代环境保护思想的确立

（一）联合国人类环境会议

在上述环境保护先驱人物和学派的思想与理论的指导下，人类对环境保护的认识达到了新的高度。为了取得共识和制定共同的原则的需要，联合国人类环境会议于 1972 年 6 月 5—16 日在瑞典斯德哥尔摩举行。这是世界各国政府共同探讨当代环境问题和保护全球环境的第一次国际会议。6 月 16 日第 21 次全体会议通过了《联合国人类环境会议宣言》（简称《宣言》），呼吁各国政府和人民为维护和改善人类环境，造福全体人民和子孙后代而共同努力。

为了鼓舞和指导世界各国人民保护和改善人类环境，《宣言》将会议形成的共同看法和制定的共同原则加以总结，提出了 7 个共同观点和 26 项共同原则。

1. 共同观点

人类是环境的产物，同时也是环境的塑造者。当代科学技术发展迅速，人类已具有以空前的规模改变环境的能力。自然环境和人为环境对于人的福利和基本人权，都是必不可少的。保护和改善环境关系到世界各国人民的福利和经济发展，是人民的迫切需要，是世界各国政府应尽的责任。

在地球上许多地区出现越来越多的人为损害环境的迹象：在水、空气、土壤以及生物中污染达到危险的程度；生物界的生态平衡受到严重和不适当的扰乱；一些无法取代的资源受到破坏或陷于枯竭；在人为环境，特别是生活和工作环境里存在着有害于人类身心健康的重大缺陷。

在发展中国家，多数环境问题是发展迟缓引起的。因此，他们首先要致力于发展，同时也要保护和改善环境。在工业发达国家，环境问题一般是由工业和技术发展产生的。

人口的自然增长不断引起环境问题，因此要采取适当的方针和措施解决这些问题。当今的历史阶段要求世界上人们在计划行动时更加谨慎地考虑到将给环境带来的后果。为当代和子孙后代保护好环境已成为人类的迫切目标。这同和平、经济和社会发展目标完全一致。为了达到这个环境目标，要求每个公民、团体、机关、企业都负起责任，共同创造未来的世界环境。

2. 共同原则

上述共同观点的指导下，《宣言》提出了 26 项共同原则，归纳起来可分为七个方面。

人权原则：人类都有在良好的环境中享有自由、平等和充足的生活条件的基本权利，并负有保护和改善环境的庄严责任。谴责种族隔离、分离和歧视，殖民主义和其他形式的压迫及外国统治的政策。消除和彻底销毁核武器和其他一切大规模毁灭性武器，使人类及其环境免受这些武器的危害。

自然资源保护原则：保护地球上的自然资源，主要包括空气、水、土地、植物和动物，特别是自然生态中具有代表性的标本以及濒于灭绝的野生动物。保护自然界。保护海洋和海洋生物。保持可再生资源的再生能力。防止不可再生资源的耗尽。制止在排放有害物质或其他物质以及散热时，其数量或集中程度超过环境容量并使之有害的行为。支持各国人民反对污染的斗争。

经济和社会发展原则：经济和社会发展是人类谋求良好生活和工作环境，改善生活质量的必要条件。在加速发展中解决不发达和自然灾害原因导致的环境破坏问题。发展中国家必须考虑经济因素和生态进程。一切国家的环境政策都应增进发展中国家现在和将来的发展潜能。应筹集资金维护和改善环境。鼓励各国向发展中国家提供财政和技术援助。

发展规划原则：统筹规划，使发展同保护和改善人类环境的需要相一致。人的定居和城市化工作必须加以规划，避免对环境的不良影响，取得社会、经济和环境三方面的最大利益。

人口政策原则：在人口增长率或人口过分集中可能对环境或发展产生不良影响的地区，或在人口密度过低可能妨碍人类环境改善和阻碍发展的地区，应该采取适当的人口政策。

环境管理原则：指定适当的国家机关管理环境资源。应用科学和技术控制环境恶化和解决环境问题。开展环境教育，发展环境科学研究。

国际合作原则：按照联合国宪章和国际法原则，各国有按自己的环境政策开发其资源的主权，同时也负有义务，不致对其他国家和地区的环境造成损害。对他国和他地造成污染和其他环境损害，应规定出损害赔偿责任的国际法则。必须考虑各国的现行价值制度和环境标准的可行程度。国家不论大小，应以平等地位本着合作精神，通过多边和双边合作，对所产生的不良环境影响加以有效控制或消除，妥善顾及有关国家的主权和利益。各国应确保各国际组织在环境保护方面的有效和有力的协调作用。

（二）联合国专题讨论会

在人类环境会议之后，1974年在墨西哥由联合国环境规划署和联合国贸易和发展会议联合召开了资源利用、环境与发展战略方针专题讨论会。会议进一步讨论了《宣言》所提出的共同观点和共同原则，并在以下几个方面取得了一致的看法：

（1）经济和社会因素：例如，财富和收入的分配方式，国内和国际谋求发展而引起的问题及偏私的经济行为，常常是环境退化的根本原因。

（2）满足人类的基本需要是国际社会和各国的主要目标，尤其重要的是满足其中最穷阶层的需要，但是必须不侵害生物圈的承载能力的外部极限。

（3）同国家中不同的团体，对生物圈提出不同的要求。富国先占有了许多廉价的自然资源，且不合理地使用自然资源，造成挥霍浪费，因而，穷国往往没有任何选择的余地，只有去破坏生死攸关的自然资源。

（4）发展中国家不要步工业化国家的后尘，而应走自力更生的发展道路。

（5）发达国家和发展中国家，两者为选择发展方式和新的生活方式所做的探索，是协调环境与发展目标的手段。

（6）我们这一代应具有远见，应考虑后代的需要，而不是只想先占有地球的有限资源，污染它的生命保障系统，危害未来人类的幸福，甚至使其生存也受到威胁。

这次会议就上述内容概括出三点带有启发性的观点：全人类的一切基本需要应

得到满足；既要发展以满足需要，但又不能超过生物圈的允许极限；协调这两个目标的方法就是加强环境管理。

1972 年人类环境会议所形成的共同观点和共同原则，已经构造起了现代环境保护思想和理论的总体框架，而墨西哥会议所形成的三点带有启发性的见解，则进一步明确了环境保护的核心是协调环境与发展的关系。因此，墨西哥会议是人类环境会议的继续和发展。

（三）环境思想史上的第一次飞跃

人类环境会议和墨西哥会议所提出的观点、原则和见解，是人类对环境问题认识的重大转变，也是环境保护思想的一次革命，更是环境保护发展史上的第一座里程碑。其主要历史功绩可概括为以下三个方面：

1. 唤起世人的环境意识，是人类对环境问题认识的一个转折点

在人类环境会议召开之前，环境问题基本上被看作由于人口集中的城市发展和工业发展而带来的大气、水质、噪声和固体废弃物的污染。虽然对土地沙化、热带森林和野生动植物的破坏也引起了注意，但并没有从战略上予以重视。解决环境问题的办法，主要是应用工程技术控制污染，同时利用经济、法律、行政等手段去限制排放污染物。这种以污染控制为中心的环境管理活动，并没有能控制住环境污染和生态破坏的发展趋势。

人类环境会议明确提出了人类面临的多方面的环境污染和广泛的生态破坏，揭示了它们之间的相互关系。正如《宣言》中声明："在地球上许多地区，我们可以看到周围有越来越多的明显的人为损害的迹象：在水、空气、土壤及生物中污染达到了危险的程度；生物界的生态平衡受到严重的和不适当的扰乱；一些无法取代的资源受到破坏或陷于枯竭；在人为的环境，特别是生活和工作环境里存在着有害于人类身体、精神和社会健康的严重缺陷。"从而明确指出环境问题不仅表现为对水、空气和土壤等的污染已达到十分危险的程度，而且表现在对生态的破坏和资源的枯竭。提高了人们对环境问题的危害性、复杂性和严重性的认识，同时唤起了世人的环境意识。

2. 指出了环境问题的根源，提出了在发展中去解决环境问题的原则

在人类环境会议之前，一些西方学者把环境问题归根于"增长"，提出了"零增长"的限制方案，其实质是停止发展。人类环境会议揭示了经济和社会因素常常是环境退化的根本原因，并得到世人共识，从而明确了解决环境问题的方向。

正如《宣言》中所指出的："在发展中国家里，环境问题大半是发展不足造成的。千百万人的生活仍然是生活的最低水平。他们无法取得充足的食物和衣服、住房、教育和保健、卫生设备。因此发展中国家必须致力于发展工作，牢记他们优先任务及保护与改善环境的必要性。为了同样的目的，工业化国家应当努力缩小他们自己与发展中国家的差距。在工业化国家里，环境问题一般与工业化和技术发展有关。"在墨西哥会议中，进一步明确指出"富国先占有了许多廉价的自然资源，且不合理地使用自然资源，造成挥霍浪费，因而穷国往往没有任何选择的余地，只有去破坏其生死攸关的自然资源"，这正是环境污染和生态破坏的主要原因。

以《宣言》为标志，也反映了人类的发展观升华到新的阶段，新含义的发展观开始强调社会因素和政治因素，把发展同人类的基本需要结合起来，把发展的概念逐步由经济推向社会，把环境问题由工业污染控制推向全方位的环境保护。因此，《宣言》不仅揭示了环境问题的根源，而且还提出了社会、经济改革的方向，标志着现代环境保护思想的一次革命。

3. 明确提出了现代环境管理的概念，构筑了环境管理思想和理论的总体框架

在人类环境会议之前，虽然尚没有明确的环境管理的概念，但实质上已经开展了环境管理工作。20 世纪 60 年代，已在部分国家设立了环境保护机构，有些国家在 20 世纪 60 年代末已成立了全国性的环境保护机构。我国在 20 世纪 70 年代初，在全国各地成立了"三废"治理办公室。当时，这一类环境保护机构主要是开展工业三废（废水、废气、废渣）的单项治理工作。

在人类环境会议上，首次明确提出了"必须委托适当的国家机关对国家的环境资源进行规划、管理或监督，以期提高环境质量"。《宣言》所提出的 7 个共同观点和 26 项共同原则，初步构筑起环境保护思想和理论的总体框架，明确提出了自

然资源保护原则、经济和社会发展原则、人口政策原则、国际合作原则，以及通过制定发展规划、设置环境管理机构、开展环境教育和环境科学技术研究等多种途径加强环境管理。在墨西哥会议上，更进一步明确了环境管理的任务就是协调发展和环境的关系，指出选择新的发展方式和生活方式是实现协调环境与发展的基本途径，促使现代环境管理步入迅速发展的轨道。

三、当代环境保护思想的发展

（一）可持续发展战略的提出

进入 20 世纪 80 年代之后，尽管人类对环境和发展的认识与实践都有飞跃，一些发达国家的环境质量有所改善，但就全球而言，环境与生态的危机日趋强烈。针对人类面临的三大挑战：南北问题、裁军和安全、环境与发展问题，联合国成立了由当时的西德总理勃兰特、瑞典首相帕尔梅和挪威首相布伦特兰为首的三个高级专家委员会，经过几年的努力，分别发表了《共同的危机》《共同的安全》《共同的未来》三个著名的纲领性文件。这三个文件都不约而同地得出了"世界各国必须组织实施新的持续发展战略"的结论，并且一再强调持续发展不仅是 20 世纪末也是下世纪，不论是发达国家还是发展中国家的共同发展战略，是整个人类求得生存与发展的唯一可供选择的途径。

1984 年 10 月，联合国世界环境与发展委员会成立后，即在委员会主席、挪威首相布伦特兰夫人的领导下，集中世界上最优秀的环境、发展等方面的著名专家学者，用了 900 天时间，到世界各地考察，写成了《我们共同的未来》这份研究报告。1987 年 2 月，委员会在日本东京召开的第八次委员会上通过了这份报告，后来又经第 42 届联大辩论通过。

《我们共同的未来》是关于人类未来的纲领性文件。它以丰富的资料论述了当今世界环境与发展方面存在的问题，提出了处理这些问题的具体的和现实的行动建议。报告分三个部分，共 12 章。第一部分：共同的问题。主要包括受威胁的未来，关于持续发展，国民经济的作用。第二部分：共同的挑战。主要包括人口与人力资源、粮食保障——维持生产潜力，物种和生态系统——发展的资源，能源——环境与发展的抉择，工业——高产低耗，城市的挑战。第三部分：共同的努力。主要包括公共资源的管理，和平、安全、发展和环境，采取共同行动——机构和立法变革建议。

　　该报告郑重地宣告了世界环境与发展委员会的总观点："从一个地球到一个世界。"地球是人类赖以生存的家园，只有一个地球。当今世界面临着共同的问题，世界各国必须迎接共同的挑战，承担共同的任务，采取共同的行动。即"对未来的希望取决于现在就开始管理环境资源，以保证持续的人类进步和人类生存的决定性的政治行动"。并向全人类严肃地发布警告——"一个立足于最新和最好科学证据的紧急警告：现在是采取保证使今世和后代得以持续生存的决策的时候了。我们没有提出一些行动的详细蓝图，而是指出了一条道路，根据这条道路，世界人民可以扩大他们合作的领域"。这条道路就是持续发展的道路。该报告首先在总结人类的成功与失败的经验教训中，将人类的失败，概括为"发展"的失败和"人类环境管理"的失败，这是人类面临的共同问题。

　　发展的失败反映在"世界上挨饿的人比任何时候都要多，而人数仍在继续增加。同样，文盲的数量、无安全饮用水和安全像样住房的人以及没有足够柴火用于做饭和取暖的人的数量也在增加。富国和穷国之间的鸿沟正在扩大，而不是缩小"。

　　环境管理的失败表现在世界上"存在着急剧改变地球和威胁地球上许多物种，包括人类的生命的环境趋势"。每年有600万公顷土地沙化，1100多万公顷森林遭到破坏，"酸雨"破坏了森林、湖泊和各国艺术建筑遗产，"温室效应"使全球气候逐渐变暖，全球平均气温提高到足以改变农业生产区域、提高海平面使沿海城市被淹，"臭氧层破坏"将使癌症发病率急剧提高并使海洋食物链遭到破坏，有毒物质进入人的食物链和地下水层并达到无法清除的地步。

　　这些失败的教训告诉人们，"经济发展问题和环境问题是不可分割的；许多发展形式损害了它们立足的环境资源，环境恶化可以破坏经济发展。贫穷是全球环境问题的主要原因和后果。因此，没有一个包括造成世界贫困和国际不平等的因素的更为广阔的观点，处理环境问题是徒劳的。"

报告从对环境现状的分析进一步对未来危机进行预测。指出"这些不是孤立的危机"，环境危机、发展危机、能源危机"是"互相关联的危机"，同时也是"一个危机"。这种危机感的产生和"这些相关的变化将全球的经济和全球的生态以新的形式连接在一起"，标志着人类对环境问题的认识达到了新的高度。

罗马俱乐部《增长的极限》和人类环境会议所引发的第一次环境保护思想的革命使人们对经济发展带来的环境影响表示关注，认识到不考虑环境的经济运行的不经济性；《我们共同的未来》强调对"生态压力——土壤、水域、大气和森林的退化对经济前景产生的影响予以关注"，使人们的认识转到怎样达到有利于环境的经济发展方式上，并强调需要形成一个"更加广阔的观点"，可以认为，这是环境保护思想的又一次重大变革。

这个变革的核心是环境与发展的关系，这个"更加广泛的观点"就是持续发展。所谓持续发展就是"既能够满足当代人的需要，又不对后代人满足其需要的能力构成危害的发展"。

这个定义包括两个基本概念和一个基本原则。"需要"的概念：尤其是世界上贫困人民的基本需要，应将此放在特别优先的地位来考虑。"限制"的概念：技术状况和社会组织对环境满足眼前和将来需要的能力施加的限制。"公平"的原则：强调发展的当代和后代之间、大国和小国之间、富国和穷国之间的公平。

由于世界各国存在的国情差异，实施持续发展的具体方法必然存在差别。但又由于各国面临共同的问题和挑战，实施持续发展必然有其共同的规律和任务。报告就此问题提出了"抓住根本"，实施政策和机构的改革。

在政策改革方面，"委员会将注意力集中于人口、粮食保障、物种和遗传资源的丧失、能源、工业和人类居住等方面，认识到所有这些是相互联系的，不能孤立地予以处理"。并对上述六个方面提出了改革方向和具体措施。

在机构改革方面，报告认为现有的"机构建立在狭隘的认识的基础上，各自关心局部的问题"。并指出"我们面临的许多环境与发展问题都起源于这种部门职责的分割"，明确提出应建立环境与发展的综合决策机制，"要让中央经济部门和专业部门对由于其决策所影响的人类环境各方面的质量负起责任，并赋予环境机构更大的权力处理非持续发展带来的问题"。

报告明确指出，在 20 世纪 80 年代发展与环境危机的具体条件下，寻求持续发展的要求是建立新的政治体系、经济体系、生产体系、国际体系和管理体系，促进人类之间以及人类和自然之间的和谐。

（二）联合国环境与发展大会

面对世界人口的迅速增长，南北经济的不平衡发展，自然资源的日益枯竭，全球性的环境与生态危机进一步加深，尤其是温室效应、臭氧层耗损、生物多样性等突出的环境问题，影响到全世界，其解决也需要全球的共同努力。这些环境与发展问题启动了南北双方的对话与合作。1992 年 6 月 3—14 日，联合国环境与发展会议在巴西里约热内卢召开。183 个国家代表团、102 位政府首脑或国家元首参加了会议。这次大会讨论了人类生存面临的环境与发展问题，通过了《里约环境与发展宣言》《21 世纪议程》气候变化框架公约》《生物多样性公约》《关于森林问题的原则声明》等重要文件和公约。这次会议被认为是人类迈向 21 世纪的意义最为深远的一次世界性会议。

《里约环境与发展宣言》重申了 1972 年 6 月 16 日在斯德哥尔摩通过的联合国《人类环境宣言》的观点和原则，并在认识到地球的整体性和相互依存性的基础上，对加强国际合作，实行可持续发展，解决全球性环境与发展问题，提出了 27 项原则。

该宣言首先明确提出了可持续发展的定义原则："人类应享有以与自然相和谐的方式过健康而富有生产成果的生活的权利"并"公平地满足今世后代在发展与环境方面的需要"。其次，该宣言进一步明确了实现持续发展的国际合作原则：所有国家和所有人都应在根除贫穷这一基本任务上进行合作的原则；优先考虑不发达国家和发展中国家利益的原则；发达国家在追求可持续发展的国际合作中负有主要责任的原则；减少和消除不能持续的生产和消费方式并推行适当的人口政策的原则；在环境立法、环境标准制定中不得要求发展中国家承担与其经济发展水平不相适应的义务的原则；不得以环境为借口设置贸易壁垒的原则；和平、发展和保护环境不可分割的原则；解决国际环境争端的原则等。

再次，该宣言进一步重申了公众参与可持续发展的原则：公众参与各项决策进程、获得环境资料、使用司法和行政程序以及充分发挥妇女、青年参与可持续发展，保护土著居民及其社区等原则。

最后，该宣言还进一步强调了可持续发展进程中环境管理的实施原则预防为主的原则；污染者承担污染费用的原则；环境影响评价原则；防止污染转嫁的原则和公共资源管理原则等。

《里约宣言》所确立的原则是国际环境与防止合作的基础。

在联合国环境与发展大会首脑会议上一致通过的《21世纪议程》是一个内容广泛的行动计划。它共分为五个部分，论述了117个方案领域，提供了一个从当时至21世纪的行动蓝图，涉及了与地球持续发展有关的所有领域。

《21世纪议程》的核心含义是"需要全人类改变他们的经济活动"。其基本思想是："人类正处在历史的抉择关头。我们可以继续实施现行的政策，保持着国家之间的经济差距；在全世界各地增加贫困、饥饿、疾病和文盲；继续使我们赖以维持生命的地球的生态系统恶化。不然我们就得改变政策。改善所有人的生活水平，更好地保护和管理生态系统，争取一个更为安全、更加繁荣的未来。""全球携手，求得持续发展。"

《21世纪议程》的内容综合考虑了政治、经济、社会、人口、资源、环境，提出了公平兼顾当代和后代的福利的持续发展实施方案，是关于可持续发展概念付诸实施的行动纲领，同时也为构造可持续发展的环境保护思想和理论框架起到了重要的指导作用。

此外，大会还通过了《气候变化框架公约》《生物多样性公约》《关于森林问题的原则声明》三个重要文件。大会的成功召开，是人类在实现可持续发展历程中的一个重要里程碑。

（三）环境保护历史上的第二次飞跃

联合国环境与发展大会的召开，标志着人类对环境问题的认识上升到一个新的高度，是环境保护思想的又一次革命，是环境管理发展史上的第二座里程碑。正如大会秘书长莫里斯·斯特朗在大会闭幕后的新闻发布会上所指出的："我们已经做到了20年前斯德哥尔摩会议所没有做到的事情。里约大会标志着面向未来的一条快速道路，这次大会为将来取得更大成功奠定了基础。"

曾经出席1972年斯德哥尔摩会议，又参加1992年里约环发大会的曲格平先生，对大会做了三点重要评价：

一是认识的一致和深化。在1972年会议上发达国家高喊环境问题严重，而发展中国家则更重视发展问题。20年后的里约会议上发达国家和发展中国家都认识到环境问题对人类生存与发展的严重威胁，认识到解决环境问题的迫切性。这种基于共同利害的责任感与合作精神，是解决全球面临的环境问题的前提条件。

二是找到了解决环境问题的正确道路。在1972年的环境会议上，就环境污染谈环境污染，没能与经济和社会发展联系起来，因此，找不到解决环境问题的出路。20年后的里约会议，不仅扩展了对环境问题的认识范围和认识深度，而且把环境问题与经济社会发展结合起来研究，探求它们之间的相互影响和相互依托的关系，这是人类认识的一大飞跃。这次环发大会普遍接受了"可持续发展战略"，就是在经济和社会的发展过程中——不是停滞发展，也不是离开发展——同时防治环境问题，走经济、社会和环境协调发展的道路。

三是明确了责任，开辟了资金渠道。1972年的会议只是暴露了环境问题，没能找到问题的根源和责任，因而也就不能更有效地解决全球环境问题。20年后的里约会议，从筹备到会议通过文件，都首先找出环境问题产生的根源与责任。会议认为，从影响全球和区域的环境问题看，主要责任直接或间接地来自工业发达国家，就是发展中国家面临的环境问题，也与发达国家的长期掠夺或廉价收买资源有关。因此，工业发达国家有义务承担环境治理的费用。在环发大会上通过的《气候框架公约》《21世纪议程》中，都明确规定了筹集资金的渠道和数额。规定发达国家每年拿出占国民生产总值0.7%的资金来帮助发展中国家治理环境。当然，明确发达国家对环境应负主要责任，也不能忽视发展中国家的责任。发展中国家也应该认真对待环境问题。会议所通过的对于全球环境问题共同的，但有区别责任的表述是恰当的。发达国家和发展中国家都应遵循这一原则，履行自己的国际义务。

以上三点虽然不能概括联合国环境与发展大会的全部成就，但仅就这三点来说，这次会议也是一个成功的会议。尤其是会议所提出的可持续发展战略及其为实施可持续发展战略而通过的五个重要文件，初步形成了可持续发展思想和理论的总体框架，对于新形势下加强环境管理具有重要的指导意义。下面从分析可持续发展的基本思想入手，探讨可持续发展进程中环境保护思想和理论框架的构建。

1. 可持续发展的定义

可持续发展的定义呈现多样性。为了表述对这一概念的认同，全世界的国际机构和学者对可持续发展这一概念做出了种种解释。这些定义虽然在大方向上都力图表示对这划时代概念的理解，但是在具体运用和战略规划上还是反映了对可持续发展理解的差异，尽管从文字上看这些差异是微不足道的，但实际上不同国家的决策者的理解可能差之甚远。数以百计的定义无须一一列举，仅将几个权威机构的定义列举一二。

世界自然保护同盟在其 1980 年的文本中提出了资源的永续利用和生物体系的自然保护。而在 1990 年的文本中，将这一概念有所扩展，开始更注重环境容量这一综合概念。在与联合国环境规划署和世界野生生物基金会 1991 年共同发表的《保护地球——可持续生存战略》一书中提出的定义是："在生存不超过维持生态系统涵容能力的情况下，改善人的生活品质。"

1992 年，美国世界资源研究所提出可持续发展就是"建立极少废料和污染物的工艺和技术系统"。

1992 年，世界银行在其年度《世界发展报告》中称可持续发展指的是：建立在成本效益比较和审慎的经济分析的基础上的发展和环境政策，加强环境保护，从而导致福利增加和可持续水平的提高。

1992 年联合国环境与发展大会的《里约宣言》将可持续发展的定义为："人类应享有以与自然相和谐的方式过健康而富有生产成果的生活的权利"并"公平地

满足今世后代在发展与环境方面的需要"。

虽然可持续发展的定义很多，但最常被引用的定义是"布伦特兰定义"。因为正是这一概念随着 1987 年世界环境与发展委员会的报告来到了 1992 年里约世界环发大会，并获得了最广泛的接受和传播。这一定义认为，可持续发展是"既满足当代人的需要，又不损害子孙后代满足其需要能力的发展"。

众多的定义难免使人感到无所适从，但它们显然是由一些基本元素和要点构成的。有学者将之归纳为五个基本元素和三个基本要点。五个基本元素包括：环境与经济是紧密联系的；代际公平（不要断子孙路）；代内平等（社会公平）；一方面要提高生活质量，另一方面要维护生态环境；公众参与（民主原则）。注意可持续发展概念中的五个元素都是对现行观念的挑战。它分别表现在：企图改变将环境与经济分离为"两张皮"的认识方式；将关心人类的后代利益上升为一切活动的基本目标之一；从人类可持续生存的高度审视人类贫富不均两极分化的格局，并声言"一个相差悬殊的世界是不能持续的"。还力图表明一个原则，即可持续生存不意味着人们生活在"刚刚能存活"的生活质量水平上，相反生活质量要提高。它反对常见的少数有权或有钱人说了算的"习惯"，强调没有广大普通公众的积极参与就没有真正的"21 世纪议程"可言。

可持续发展的三个要点是：它是从环境和自然资源角度提出的关于人类长期发展的战略和模式，关注长期的承载力；相对于 1972 年对环境发展的认识，可持续发展倾斜于发展与经济变化；它主要包括三方面的可持续发展——自然资源与生态环境、经济、社会。关于生态、经济和社会可持续这三者之间的关系，可以这样概括，即可持续发展是一个"三维复合系统"的内部协调，其中生态持续是基础，经济持续是条件，社会持续是目的。

2. 可持续发展的基本思想

从可持续发展的五个元素和三个要点可以看出，可持续发展的基本思想大致包括以下四个方面：

一是与自然相和谐的发展思想。可持续发展不否定经济增长，是对"零增长"

学派的否定，是对穷国经济增长的肯定。但是各国必须根据"与自然相和谐"的原则，重新考虑如何推动经济增长。环境问题的根源存在于经济高速增长过程之中，解决环境问题也应该从经济过程中去寻找。要站在"与自然相和谐"的立场上去调查、研究、解决经济过程的扭曲和误区，使传统的发展模式逐步向可持续发展模式过渡。因此，促进可持续发展的环境管理应建立环境和经济的综合决策机制和协调管理机制，环境规划应纳入经济发展规划的重要位置，在决策、规划过程中把住"与自然相和谐"的关。

二是以提高生活质量为目标的发展思想。可持续发展要以提高生活质量（福利）为目标，同社会进步相适应。国际上持续多年的关于"增长"和"发展"的辩论已达成共识："经济发展"比"经济增长"的含义要广泛，意义更深远。经济增长一般定义为人均国民生产总值的提高，而单纯的国民收入的提高并不能使经济和社会的结构发生变化，未能使一系列社会、环境的发展目标得以实现，未能"过健康而富有生产成果的生活"。因此，不能承认其为发展。也就是说，持续发展的福利观点主要包括教育、健康、清洁空气和水以及自然美的保护等一系列非经济的因素。提高生活质量的目标，要求环境管理过程中要统筹考虑这些非经济因素，包括否决一些短期内在财政上吸引人的做法。

三是同环境承载能力相协调的发展思想。可持续发展以自然资产为基础，不仅要满足当代需要，而且不危害后代的需要。这个思想体现了"代际公平"的原则，着眼于改变生产方式和消费方式。因此，促进可持续发展的环境管理，可以通过法律的、经济的、技术的手段去达到减少自然资产的耗损速率，使之低于资源的再生速率。引导企业采用清洁生产工艺，引导消费者采用可持续的消费方式，通过环境审计来管理环境资源的利用方式，力求减少损失，杜绝浪费并实现废物排放减量化，减少每单位经济活动造成的资源能源消耗和环境压力。

四是强调"综合决策""公众参与"的发展思想。调整国家政策，改革管理机构，强化公众参与是实施可持续发展的关键。必须改变过去各个部门封闭分割、各自为政制定和实施经济、社会、环境政策的做法，应建立国家可持续发展的政策体系、法律体系，建立促进可持续发展的综合决策机制和协调管理机制，建立公众参与的管理机制。可持续发展的原则要纳入经济发展、人口、环境、资源、社会保障等各项立法和重大决策之中。

第 四 章　环境保护分析

第一节　环境识别分析

　　环境识别是对环境系统进行分析与处理，发现和鉴别环境问题的过程。其目的在于发现问题，为解决问题提供依据。因此，环境识别是环境保护的基础。根据环境问题的内容，环境识别可分为资源退化识别、环境污染识别和自然灾害识别三类。根据环境系统的发展状况，环境识别可分为环境现状识别和未来环境识别两种。前者是通过调查、监测及分析处理，确定当时的环境状况及存在的问题；后者则是根据环境系统的发展变化规律，预测在人类社会行为的影响下，环境系统的变化情况。根据环境系统存在问题的性质，环境识别还可分为确定性环境识别和不确定性环境识别，后者也称环境风险识别。这里，重点分析环境现状识别、未来环境识别和环境风险识别三个方面。

一、环境现状识别

　　环境现状识别就是分析和处理现在时段的环境系统，以发现其中阻碍人类生存与发展的各种环境因素。显然，环境现状识别依靠最新的关于环境系统的信息，需要通过环境监测来获取。

　　为了获得环境系统的真实的信息，目前采用三种监测手段，即地面监测、航空监测和卫星监测。

　　（一）地面监测

　　地面采样技术是环境学家的传统技术。今天这种技术仍然是非常重要的，主要原因有以下三点：为了提供详细的情况；为了提供"地面－真实"的测定结果，并用来检验飞机和卫星提供的大部分"遥感"数据的准确性；帮助解释这些数据。现在仍然存在许多只有从地面监测才能取得最好数据的环境因素，如降水量、某污染物浓度、土壤湿度等。地面监测虽然可以提供最详细的数据，但是它可能是环境监测装备库中最昂贵的手段。因此，制定科学、可行的监测规划和方案就显得非常重要。

一个完整的监测方案应包括以下内容：

1. 确定监测项目

表现环境系统状况的环境特征因素很多，在实际工作中没有必要也没有可能对所有的表现环境系统状况的项目进行监测，只能从中选择一些起指示作用的项目进行监测。所以，以识别环境现状为目的的监测方案中，首先要明确监测项目。选择并确定监测项目应遵守优先的原则。所谓优先原则，即对环境系统影响大的环境因素优先；有可靠监测手段并能够获得准确数据的环境因素优先；已经有环境标准或有可比性资料依据的环境因素优先；预计受人类社会行为影响大的环境因素优先。

2. 确定监测范围

确定监测范围的目的是布置监测点位。能否恰当地确定监测范围取决于对环境系统发生变化的范围能否有正确的估计。不同的环境监测目的应有不同的监测范围。如生态环境监测、环境污染监测和自然灾害监测等就有不同的监测范围；又如工程项目的环境影响评价、区域或流域的环境质量评价、环境风险评价等也都有不同的监测范围，甚至同属工程建设项目的类型，由于项目的规模和性质的不同，其监测范围也会有很大的差异。

3. 确定监测周期

确定监测周期的目的是掌握环境系统在时间上的变化规律。如对环境污染来说，环境变化规律既决定于污染物的排放规律，又受到相应环境要素特性的影响，因此，它必须根据排放的实际情况和环境要素的实际情况来研究决定。在监测大气环境质量时，就要根据大气污染源的排放特点（间断排放还是连续排放）及气象特点来决定。在监测地面水环境质量时，要根据河流水文要素的变化（丰水、平水、枯水期等），也要考虑污染源排放规律（如一日内有几次周期性的涨落）。

4. 确定监测点位

确定监测点位是掌握环境系统及其变化在空间上的分布特征。在不同的环境要素和不同的监测项目中，其监测点位的布置也不同。比如，大气污染物在空间上的分布是十分复杂的，它受气象条件、地形地物、人口密度和工业布局等许多因素的影响，因此，在布置监测点位时要特别仔细，既要尊重以往的理论结果，又要尊重经验。监测点一般有扇形布点法、同心圆布点法、网格布点法和功能区布点法等。

（二）航空监测

航空监测是三种监测方式中最经济有效的获取环境系统信息的方法，其基本技术是系统勘察飞行。系统勘察飞行是一种量化土地利用空间分布参数综合应用目视观察和从高翼轻型飞机上低空拍摄垂直照片的抽样技术。飞机在研究区上空做同方向的横切（航线）飞行，速度约每小时160km，高度120m左右。沿着每一横切方向用目观察做连续记录，并根据间隔的时间（如一分钟）或距离（如5km）划分成一系列"小单元"。对每一小单元拍摄一张或数张垂直的样片，然后对测量调查中记录的所有数据与各个小单元进行比较复验。

系统勘察飞行法的主要特点是能够提供一套高度精确的地理参数点，其关键技术在于精确飞行，即保持相同的高度、速度沿横切方向飞行。

典型的系统勘察飞行采用的是一种采样方格网。统一的横轴墨卡托网格系统被广泛用于这类取样，因为它是一种全世界通用的标准网格系统，可以投影到许多地图、航空照片或其他图片和专题图形数据资料上。将每一个小单元纳入一个单独的网格，而每一网格则包含一组不同的小单元。系统勘察飞行调查区网格具有三大用途：可提供标准的地点信息；可提供非常方便的专题绘图单位；可以把图片和专题信息统一标准化，并将数据输入系统勘察数据库。

航空监测可用于动物种群的长期监测、区域的资源登记、环境影响评价、植被监测和土地利用变化监测等多个方面，其使用空间范围为$50km^2 \sim 500000km^2$。如果需要对某一限定范围内的标志或项目进行详细研究，则用另外一种方法，这就是分层随意抽样法。分层次的目的是将研究区分成某一特定属性或属性组合一致的小区，其中最常使用的属性是地形、植被、土地利用形式等。与整个调查区相比，所划分的层次的小区较为一致。例如，一个调查区可能有洪泛平原、一些坡度较缓的丘陵以及一些通向高地的陡坡。对于这样的地区，就可以根据地形图即洪泛平原、丘陵、陡坡和高地高原进行明确的分层。这样的分层无疑将反映基本的土地利用形式。当然还可以进一步对上述地形分层进行细分。

不论采取何种分层方法，要想一个地区的分层取得成功，必须遵守两个重要原则。

原则一：分层必须反映调查的主要目的。没有一个单一的分层可以实现所有可能达到的调查目的，任何一个特定的分层只对确定该分层的标准有效。因此，一个反映森林植被类型的分层，对于农业土地利用形式来说并不适宜，反之也是如此。

原则二：在分层过程中必须应用尽可能广泛的信息，其中包括卫星图像、地图、小比例尺航空照片以及过去出版的有关研究地区的资料。在一次分层中必须应用和综合这些信息。此外，层边界一旦划定，就要对该区进行飞行调查，以确定这些层次是有差异和有意义的。在层界划定以后，抽样应集中在那些具有特殊意义的层次上。在确定了层界和每层中的抽样工作量之后，每层中的航线样块是随意分布的。

系统勘察飞行和分层随意抽样方法各有优点，实际上可相互补充，可以在绝不相同的情况下提供截然不同的信息。

系统勘察飞行方法在下列情况下最适用：大面积研究区中的多学科开发项目，在这种项目中，项目的各方牵涉到环境、资源以及开发潜力的不同方面；需要量化资源的季节性分布和数量以及土地利用形式的季节性分布时；需要把范围广泛的辅助性数据纳入数据库时；需要分析环境变化以及基础设施服务网对资源分布、数量、利用及对土地利用的影响时。分层抽样方法的最适宜的条件：需要对小范围的标志进行最精确的测量时；当低抽样密度层确定对一个开发项目无足轻重时。

因此，在实践中，分层随意抽样普遍用于监测，即用于高度精确地量化某种趋势的细微变化。与此相比，系统勘察飞行经常用于初步的登记收集基础数据，然后再根据这些数据确定监测阶段。

（三）卫星监测

卫星现在已用来监测天气、作物状况、森林病害、初级生产力以及空气、海洋和淡水污染等方面。当前资料可以从地球资源卫星上获取，也可以从 NOAA（美国国家海洋和大气管理局）卫星系列加以收集。地球资源卫星在地球上空高度为 900km 的轨道上运行并且每隔 18 天通过地球表面同一地点一次。地球资源卫星上装有传感器，可以用几种电磁光谱频带监测地球表面反射的射线，分辨率为 $80 \times 80m$。系列中的一颗地球资源卫星 4 号装有主题测绘仪。美国航空航天局已经能够获取小于 1m 级的数字影像。地球资源卫星以两种方式输出资料：数据本身及通过计算机对光谱数据积分和产生的照片和图像。照片的分辨率较低，每帧照片覆盖的区域为 $185 \times 185km$。它们可用黑白正片和负片两种方法生产，也可以生产假彩图像。后者通过人工使用颜色以表示图像中的不同特征。这些人工假彩色与地面或空中测量中获得的数据具有确定的联系。一旦确定出假彩色与地面上已知特征的对应关系，卫星图像就可以作为可靠的资料源，除了要求进一步的关系外，没有必要做进一步的地面或空中测量。采用资源卫星数据的一个最大优点就是资料以很频繁的间隔重复，即每次测两遍，每隔 18 天重复一次。可以预测，随着技术的提高，高分辨率卫星投入使用，卫星监测在环境识别中将起着越来越大的作用。

二、未来环境识别

（一）基本概念

未来环境识别主要是通过环境系统的发展变化规律，预测人类社会行为对环境系统的影响，也就是预测在人类社会行为的作用下，环境系统发生了怎样的变化，其核心是预测。环境预测一般包括三类：警告型预测（趋势预测）、目标导向型预测（理想型预测）和规划协调型预测（对策型预测）。

警告型预测是指在人口和经济按历史发展趋势增长，环境保护投资、防治管理水平、技术手段和装备力量均维持目前水平的前提下，未来环境的可能状况。其目的是提供环境质量的下限值。

目标导向型预测是指人们主观愿望想达到的水平,目的是提供环境质量的上限值。

规划协调型预测是指通过一定手段,使环境与经济协调发展所达到的环境状态。这是环境预测的主要类型,同时也是环境决策的主要依据。

环境预测是在环境调查和现状评价(含经济社会调查评价)的基础上,结合经济发展规划或预测,通过综合分析或一定的数学模拟手段,推求未来的环境状况,其技术要点是:把握影响环境的主要经济社会因素并获取充足的信息;寻求合适的表征环境变化规律的数学模型和了解预测对象的专家系统;对预测结果进行科学分析,得出正确结论。

对未来环境的识别的重点不在于认识规律本身,而在于对未来环境状况的判断和描述,在于对预测的应用。预测应用就是用预测规律来判断未来。在实际工作中,预测常常和决策结合起来使用。假定预测未来的环境质量或环境系统的状况严重恶化,决策接受了这一预测结果(警告),并采取措施加以预防,削弱或铲除不利环境影响的实现条件,则可以避免或者减缓这种不利影响。可见,环境预测的价值不在于它能否实现,而在于它是否有用。应该明确,环境预测所依据的预测规律毕竟不等同于现实的客观规律。预测规律是基于过去和现在的已知,通过系统分析和处理获得的。但过去和现在毕竟不是未来,已知终究不是未知。因此,用预测规律来判断未来,肯定会有误差。其原因在于环境影响预测所要研究的是未来的、未知的不确定性的问题,需要在不确定中研究各种可能,减少人类活动对未来环境的影响,以增强人类活动对未来环境的适应能力,主动对在未来环境中可能出现的各种情况,以达到环境与发展的协调。

(二)未来环境识别的内容

环境预测的内容主要包括污染源和环境污染预测、生态环境预测、自然灾害预测三个方面。

1.污染源和环境污染预测

污染源预测的主要内容包括废水、废气排放量,各种污染物产生量及时空分布,污染物治理率、治理能力和累计(固定资产)投资。环境污染预测主要在预测污染物增长的基础上，分别预测环境质量的变化情况，包括大气环境、水环境、土壤环境等环境要素的时空变化。具体包括大气污染源预测、废水排放总量及各种污染物总量预测、污染废渣产生量预测、噪声预测和农业污染预测等。

2. 生态环境预测

生态环境预测包括城市生态环境预测、农业生态环境预测、森林环境预测、草原和沙漠生态环境预测、珍稀濒危物种自然保护区现状及发展趋势预测、古迹和风景区现状及变化趋势预测等。具体而言，城市生态环境预测：主要包括水资源合理开发利用情况，城市绿地面积（包括水面）及其对环境的影响，土地利用状况及城市发展趋势等。农业生态环境预测：包括水土流失面积、强度、分布及其危害，盐碱土及盐渍土的面积、分布及其变化趋势，耕地质量的数量及其变化趋势和乡村能源结构现状及发展方向等。森林环境预测：包括森林的面积分布和覆盖度，森林蓄积量、消耗量和增长量，森林动物资源的消长情况及变化趋势，森林的综合功能（对温度、湿度、降水、洪、涝、旱的影响）等。草原和沙漠生态环境预测：包括草原面积、分布、牲畜量、野生动物资源及发展趋势，沙漠面积、分布及沙漠化的发展趋势，草原植被破坏和沙漠化对气候变化及风沙化的影响等。珍稀濒危物种、自然保护区、古迹与风景区现状及变化趋势预测：包括一般过去、现状和未来的描述，珍稀濒危物种保护和健全自然保护区的综合意义及发展趋势，古迹和风景区现状及变化趋势等。

3. 自然灾害预测

自然灾害预测包括气象灾害、海洋灾害、地质灾害、生物灾害和其他类型灾害的分析与预测。气象灾害预测：气象灾害是发生频率最高、造成损失最大的一类自然灾害，其原因主要是各种气象要素的多寡和时空分布异常。气象灾害预测包括以下内容：

（1）干旱：因长期无降水或少降水造成土壤缺水、空气干燥的一种气象现象，按其特征可分为土壤干旱、大气干旱、生理干旱和水源缺乏等。

（2）洪涝和湿害：包括洪水、涝害、湿害、凌汛、冻涝、雪害等。

（3）低温灾害：包括冷害（障碍型、延迟型和混合型）、冻害、霜冻、暴风雪、冷雨、雾凇和冰凌等灾害。

（4）高温灾害：包括热浪和农作物热害等。

（5）风灾：包括热带气旋、寒潮大风、雷雨大风、龙卷风、焚风等。

（6）其他包括冰雹、雷暴、沙尘暴（黑风暴）、雾灾、雪崩、连阴雨等。

地质灾害预测：地质灾害是自然和人为的原因造成地质环境或地质体的变化，对人类和社会造成危害。具体包括以下几个方面的预测：

（1）崩塌（塌方、崩落）、滑坡、泥石流；

（2）地裂、地面塌陷；

（3）地震、火山喷发。

海洋灾害预测：海洋灾害是指海洋自然环境发生异常或激烈的变化导致海洋上、海岸或沿海产生对人类生命和财产的损害。具体包括以下内容：

（1）风暴潮（气象海啸）、地震海啸和灾害性海浪；

（2）冰山、海冰。

生物灾害预测：生物灾害由对人类健康、各业生产及对人类生态环境有害的各种生物引起，突发性危害严重者可形成灾害，在各类自然灾害中种类是最多的。具体包括农作物和森林病害、农作物和森林虫害、农作物草害、农业兽害、畜禽鱼病和危害人类的有害生物等。

环境自然灾害：不合理的人类行为导致的环境恶化，反过来对人类造成的危害，具体包括土地沙化和荒漠化、水土流失、水资源短缺、生物多样性锐减、臭氧层空洞和紫外辐射伤害、土壤盐碱化、地面沉降、赤潮、海水内侵等。

（三）未来环境识别的基本原理

未来环境识别主要依据下述基本原理：

可知性原理：事物都有其产生和发展的规律，规律是固有的，掌握其规律，根据过去和现在就可推知未来。

风险性原理：由于未来影响因素的复杂性和多变性，预测对象期望的未来状态也表现为多样化。因此，预测结果通常只有概率的统计性，从而使预测具有一定的风险。所以，预测就必须对未来各种可能的趋势进行评估，描述风险范围。

相似性原理：把预测对象与某种已知事物的发展状况相类比，推知预测对象的未来状态。

反馈性原理：把预测结果反馈到决策和规划系统，实现预测为决策和规划服务的目的，指导当前的决策。

系统性原理：系统是一个相互关联的、多要素的、具有特定功能的有机整体。任何一个事物都可以看成一个系统，可从分析系统的结构和功能研究系统、要素、条件三者的相互关系和变动的规律性出发预测事物的未来状态。

可控性原理：预测对象的发展趋势是有条件的，改变条件就会影响它的发展趋势。因此，预测活动既指明造成未来结果的原因，又指明改变这种结果的途径。对一些不利的预测结果，就可以采取有效途径使之不发生，并朝着有利的方向发展。

艺术性原理：预测的基本要素有五个，包括预测者、预测对象、信息、预测理论方法和手段、预测结果。其中预测的主体是预测者。预测是一种取决于实践经验的艺术，在很大程度上依赖于预测者的经验、主观能动性、深刻敏感的洞察力和富于远见卓识的判断力。

（四）未来环境识别的方法

预测是预测者依据历史资料或系统发生发展规律对未来所做出的主观判断。预测结果正确性与否取决于预测者所选用的预测方法是否恰当。预测方法做为预测学的核心内容，已经得到极其迅速的发展。目前常用的预测方法大体可以分为四类：第一类是统计分析法，其要点是在掌握大量历史和现在数据资料的基础上，运用统计学的方法进行处理，使这些数据资料反映其内在客观规律，并据此对未来进行预测；第二类是因果分析法，其要点是从机理上对客观事物和它的影响因子之间的因果关系进行定量分析，通过演绎或归纳方法获得内在规律，然后对未来进行预测；第三类是类比分析法，其要点是把正在发展中的事物与历史上曾发生过的相似事件做类比分析从而对未来进行预测；第四类是专家系统法，其要点是用层次分析技术将众多专家对事物未来所做的估计加以综合分析，对未来做出预测。

预测方法也可根据其特点和属性，分为直观预测法、约束外推法和模拟模型法三类。

1. 直观预测法

主要是对预测事件未来状态做性质上的预测判断，而不注重考虑其量的变化情况。预测方法虽然有多种，但任何一种方法都不能排斥人的直观判断能力。如在建立同态预测模型和确定边界条件时，在检验预测结果时，尤其是在最后决策规划中，都离不开人的直观判断，更何况在很多情况下根本无法定量计算，所以，直观预测与直观判断的正确与否在很大程度上决定着预测的准确性。

2. 约束外推法

约束外推法是指在一个系统的大量随机现象中求得一定的约束条件即规律，据此规律推断系统未来状态的方法。这里所说的"外推"也包括"内插"，即内推。如单纯外推法、趋势外推法、迭代外推法、移动平均法、指数平滑法等。此类预测方法多用于时间系列的预测。

3. 模拟模型法

此类预测方法是根据"同态性原理"建立预测事件的同态模型，并将模型进一步数学形式化，然后再根据"边界性原理"确定预测事件的边值条件，进而确定未来状态与现时状态之间的数量关系。如回归分析与相关分析、最小二乘法、弹性系数法等。

三、环境风险识别

"风险"对大多数人来说是一个不好的字眼。降低风险、控制风险是许多人的愿望。随着人类生存环境的恶化、社会竞争的日趋激烈，人们对风险问题的研究更加迫切。资料显示，从里根时代起，美国政府开始斥巨资资助风险学科的研究，美国风险分析学会（SRA——Society for Risk Analysis）迅速成长为一个国际性学术组织，相继在日本和欧洲建立了分会。风险技术成为21世纪美国的核心技术之一，其地位基本同核心技术之一——计算机仿真技术相差不多。

风险问题是一个古老的问题，但风险学科的形成则是近几十年的事情。1970年，美国庆祝了第一个地球日，同时美国政府设立了环境保护署（Environmental Protection Agency），关注环境（空气、水、土地和其他自然资源）质量被提上了议事日程。随后，一些紧迫的问题，如被动吸烟、蜂窝式电话对人体的影响、全球气候变暖，也被列入关注的范围。自然灾害、工业事故、化学品和食品安全等仍然是人们关注的问题。随着人们对灾害体验能力的提高，加之政府已无力控制一些交叉环境灾害，因而，公众中广为扩散一种要求知道事实真相的情绪。于是大量的信息提供给了公众，政府也加大了对整治环境、减轻灾害的投资力度。但是，面对大量的信息和达不到预期成效的投入，人们感到盲目。里根政府上台后，开始注重治理环境方面投入产出的效益问题，大量资助科学家研究如何在不确定条件下进行合理的决策。这样，风险评估作为一种植根于科学原理之上的系统框架被提了出来，以帮助人们理解和管理各种各样的风险。

（一）风险的分类

人们总是在面对着各种风险，无论是作为个体的个人还是各种社会团体中的一员。有些风险是自愿型的，有些则是被迫型的。抽烟、登山导致的风险是典型的自愿型风险，而核废料产生的风险、洪水与地震风险等均是被迫型的。与风险无关的事件极为少见。通常从定性的角度了解风险比从定量的角度了解风险会更全面一些。尽管"风险"已被一些权威人士定义为"单位费用负担在单位时间内发生的概率"，但概率风险并不能替代风险。有效地进行风险识别和风险管理的基础工作是对风险概念本身的了解。直观地看，当可能有损失并且对财政的影响较为明显时，风险就存在。这种语言的定义比用数学术语的定义更能抓住风险的特征。事实上，在现实中，可能性和损失的财政意义都很难精确定义。

从认识论的角度看，风险大体可以分为四类：

第一类：真实风险。这类风险完全由未来环境发展决定。真实风险也就是真实的不利后果事件。来自工业的污染问题主要与真实风险相联系。许多环境污染研究，大多着眼于已形成的污染问题。污染，对人类来讲，是一种不利后果事件。污染研究中大部分工作是对现有的污染进行观测、分析、整治。突发性灾害的灾情评估也属于真实风险的范畴。此时的灾情调查的重点不是推测今后灾情的发展，而是了解当时的灾情状况，对已经出现的不利后果事件进行调查、归类、统计，最终给出评估结果。对于洪水、干旱、病重害等，由于灾害有一定的过程，随着时间的变化有时灾情有较大的变化，因此很难把对之的调查归入真实风险的调查。

第二类：统计风险。这类风险是由现有可以利用的数据来加以认识。统计风险事实上是历史上不利后果事件的回归。机动车保险费率与统计风险密切相关。具有超越概率指标的地震烈度区划图是一种统计风险区划图。我们说某江堤具有抗御50年一遇特大洪水的能力，涉及的洪水风险也是一种统计风险。

第三类：预测风险。这类风险可以通过对历史事件的研究，建立系统模型来进行预测。预测风险就是对未来不利后果事件的预测。核电站的核安全保护措施大多基于预测风险。项目投资风险、发射卫星失败风险，均归入预测风险。自然灾害风险既有统计风险的成分（因为自然灾害频繁出现），又有预测风险的成分（因为有的自然灾害可以预测）。

第四类：察觉风险。这类风险是由人们通过经验、观察、比较等来察觉到的。察觉风险是一种人类直觉的判断。在日常生活中，我们常常凭直觉来处理风险问题。一个风险问题，可能涉及两类以上的风险。例如，对于一个拥有大量飞行事故数据资料的保险公司来说，民航飞行风险问题，是已知的统计风险。但是，对一个在飞机场考虑是否购买乘客保险单的乘客来说，民航飞行风险是一个察觉风险。对一个乘客来说，他不可能在即将登机前的短暂时间内去收集和分析任何数据。在大多数情况下，他会将当时的情况和一些典型的情况比较，这些典型情况，有些是安全的，有些则是空难。这表明，只有统计风险才涉及用概率来测量各种不利后果出现的可能性。事实上，即使对于统计风险而言，统计方法也只有在大量收集了数据资料后才是一种有效的工具。概率方法对察觉风险的识别几乎无能为力。

尽管在保险业中，"风险"一词的使用频率很高，但是仅对保险而言，关于风险概率的定义仍然是众说纷纭。主要有两大派观点：一派观点认为，所谓风险，就是损失的不确定性。有人把这种说法称为"主观风险"。另一派观点认为，风险是存在的事物，是可以用客观尺度加以衡量的。这一派观点被称为"客观风险说"。两者的共同之处是都承认风险是与损失相联系的概率，而不把积极结果如盈利视为风险。当然，在其他行业也有人把盈利小视为一种风险。

在保险业中，有四种基本的风险分类方法：按风险产生的根源划分，如水灾、火灾等因素所形成的风险；按风险标准的划分，如财产风险、人身风险、责任风险等；按风险的后果划分，可分为纯粹风险和投机风险；按风险管理的标准划分，可分为可管理风险和不可管理风险。从认识论的角度对风险进行分类，有利于选用合适的技术去认识和掌握风险，同时有利于提高风险管理的水平。

（二）风险的本质

众所周知，风险对不同的人可能意味着不同的意义。从科学研究的角度看，风险分析的挑战性工作就是去寻找一个科学的途径估计某个概率分布。一般我们所说的风险评估，其侧重点已从寻找科学途径转移到使用现成方法计算和评估风险程度的工作上来。而风险管理则主要是指降低、观察、控制风险的人类行为。按照这样的观点，风险分析的主要难点在于掌握风险系统的随机性规律。然而，在许多风险系统中，随机性只是风险特性之一。风险的本质是由所有的风险特征决定的。为了研究风险本质，首先让我们来看一下风险分析的目的何在，看一下我们在碰到一个实际系统时的处境。

大量的资料分析表明，风险分析的目的是要描述或掌握一个系统的某些状态，以便进行风险管理，减少或控制风险。因此，对于风险分析而言，必须能显示出状态、时间、输入等要素之间的关系。概率分布仅仅是事件和发生概率之间的一种关系。对许多系统来说，不可能精确地估计出所需要了解的概率关系，我们面对着不精确概率的问题。况且，是否存在概率关系有时也是一个问题。而且，概率关系也不能替代与风险有关的所有关系。总之，风险分析的目的是要回答：一个不利后果是怎样产生的，为什么会产生。基于这种观点，可以认为，风险本质是不利后果的动力学特性。

事实上，一个风险系统可以用一些状态方程来研究，条件是我们能找到这些状态方程。风险控制问题，原则上同工程控制问题在本质上没有什么区别。在许多情况下，要获得所需的状态方程和所有数据是非常困难的，况且也没有必要全面研究状态方程。概率方法就是研究工作的一种简化。当我们用概率方法研究一个风险系统时，通常很难判断一个人为的概率分布假设是否合适，而且我们也常常会碰到小样本问题，即数据太少，难以用传统方法做出判断。这意味着，要想获得事件和发生概率间的一个精确关系，是一项困难的工作。进而，我们能够通过某种途径简化系统分析。但是，对于简化的系统，要精确地获得我们所需要的关系也是困难的，换言之，我们得到的关系通常是不精确的。为了保留下分析结果中的不精确信息，最好的途径是使用模糊关系来表达关系。这样，对于统计风险而言，一个事件可能对应着几个概率值，只是程度不同而已。

在决策论中，倾向于将风险看作一个三维概念。它具有下述三个性质。

性质 1：非利性。风险对于个人或团体意味着会有不利后果。

性质 2：不确定性。不利后果的发生时间、空间或强度上有不确定性。

性质 3：复杂性。十分复杂，难以用状态方程概率分布来精确表达。

显然，由于性质 3 的存在，风险是一种复杂现象。当复杂性被忽略时，风险概念可以退化成概率风险，这就意味着：我们能找到服从于某种统计规律的概率分布，它可以适当地描述风险现象。如果再忽略风险的不确定性，则风险概念就退化成不利事件概率，如损失、破坏等是其更具体的概念。

第二节　环境评价分析

评价是主体对价值进行的判断。价值是客观存在的，即客体与主体需要之间的关系是客观存在的，尽管主体需要随着社会的进步和历史的发展在不断地丰富和变化。但是，对于一个具体的客体而言，它与主体需要之间究竟有无关系，或有什么样的关系，是需要加以判断的。评价就是主体对这一关系（价值）的判断。既然是判断，也就是价值在人类意识中的主观反映，这就意味着评价的结论（主观的判断）可能是对的，也可能是错的。从评价本身来看，评价是从评价主体需要的角度来看已经被识别的客体意味着什么。显然评价具有如下基本特点。

特点1：评价随评价主体的变化而变化。评价的结果是以客体对主体需要的适应程度为依据的。因此，在评价过程中必然要折射出评价主体人的态度、意志和选择。而人是社会的人，是具体的、历史的、不断变化着的，因此，评价的特点之一是把一定的、变化着的客体如环境状态，同不断发展着的人及其需要联系起来加以判断。评价主体发生了变化，则评价结论也会发生变化。

特点2：评价随道德准则的不同而不同。评价的结果要受到道德准则的制约和影响。如某地的环境质量对一部分人来说可能不能满足其生活和工作需要，而对另外一部分人来说则相反，于是就出现了是以这一部分人的需要还是以那一部分人的需要作为主体需要的问题，这在本质上是一个道德准则的选取问题，同时也是评价过程中无法回避的问题，必须审慎地研究和处理。

从环境保护的角度看，环境评价主要包括环境生态评价、环境污染评价和自然灾害评价三个方面，重点是环境评价标准和环境评价方法的选择。

一、环境评价的主要内容

环境保护是从可持续发展的角度出发，人类维护与强化环境系统的持续支持发展能力和减轻环境系统对持续发展的限制或破坏力的社会行为系统，它主要包括三大活动，即自然资源保护、环境污染治理和自然灾害减轻。因此，环境评价的主要内容就是环境资源评价、环境污染评价、自然灾害评价三个方面，其中后两者可以用环境风险评价概括。

（一）环境资源评价

自然资源是指一切能为人类提供生存、发展、享受的自然物质和自然条件及其相互作用而形成的自然生态环境和人工环境。其中，自然物质和自然条件是在一定的是社会经济条件和一定的科学技术水平，以及人类社会不同发展阶段上所需要的自然物质与自然条件；自然生态环境是自然物质在一定自然条件下相互作用、相互影响和相互制约所形成的具有生态结构和属性的、遵循生态平衡规律的有机的自然环境，它是自然物质与自然条件的综合形态，亦可称生态环境资源；人工环境是经过人工干预的自然生态环境，也可称为人工环境资源。在进行科学管理和合理经营的条件下，自然资源可以不断地向社会提供物质产品、非物质产品和环境服务，促进经济社会持续发展和环境改善。例如，森林资源按物质产品和非物质产品分类就可以分成森林实物资源和森林环境资源两大类。

关于森林资源物质产品的评价可按实物产品进行估价，这里就不多论述。自然资源评价的重点在于森林环境资源的评价。森林环境中的"环境"是指以森林为中心，决定它生存和发展的条件。它主要包括自然因素、技术措施以及政策、法律和经济手段等。

环境资源的基本评价方法主要采用经济学方法，即费用－效益分析。它的基本内涵是把环境看作一种经济活动的对象，人们为了从环境中获取资源或求得舒服就需要投入一定的物质能量和活劳动，用以保护资源和改善环境。费用－效益分析主要包括两个方面的内容：一是费用分析，是指对环境资源再生产过程中人类所支付的人力、物力和财力等因素分析，这些因素大多可以用货币的形式加以体现；二是效益分析，是环境资源再生产过程之后，人类从中所得到的货物或舒适的环境质量，效益中有些是可以量化的，如自然保护区及森林公园的门票收入，而有些则是难以计量的，如环境为人类保存"基因库"及保持全球 CO_2 的平衡作用等。费用－效益分析一般构成确定的对应关系，即一定的费用投入产生与此对应的一系列效益，从而，建立相应的费用－效益函数，费用－效益分析实际上是一系列费用函数和效益函数的组合，同时也包含着多种方案的选择。费用－效益分析的基本思想是：任何效果都是特定活动预期目的的实现程度，因此，同一目标活动其效果是可以比较的。在费用相同的条件下，比较它的效益；在效益相同的条件下，比较它的费用支付；

也可以研究费用与效益的比率，即费用的有效性。它的原理是效益必须大于费用，即净现值必须大于零，并使之趋于最大值。

环境资源总经济价值可以分为利用价值和非利用价值。利用价值可进一步分为直接利用价值和间接利用价值；非利用价值也可以进一步分为选择价值（潜在利用价值）、存在价值和遗产价值。因此，环境资源的总价值可用如下公式表示，具体价值分类可用总经济价值＝直接利用价值＋间接利用价值＋选择价值＋存在价值＋遗产价值。

利用价值：森林可以为人们提供旅游服务、固定二氧化碳、释放氧气、涵养水源和保护土壤等，它可以被人们直接或间接利用，因此具有利用价值。

选择价值：是指人们为了自己的将来能选择利用森林环境资源而愿意支付的费用。

存在价值：是指环境资源的保存意义，是人们为确保森林环境资源及其提供的公益效能能够继续存在而愿意支付的费用。

遗产价值：是指当代人为了把森林环境资源及其提供的公益效能保留给子孙后代而愿意支付的费用。

愿意支付：是消费者剩余理论中非常重要的概念，同时也是一些环境资源评价方法的核心内容。它是指消费者为获得一种商品、一种服务而愿意支付出的最大货币价值量。根据西方经济学的理论，支付意愿代表商品的价值，而且是任何商品价值的唯一合理表达方式，它由实际支出和消费者剩余两部分组成。

消费者剩余：是指消费者愿意为商品或服务付出的价格与实际付出的价格的差额，即消费者从某些商品或服务中得到的净效益。

具体根据费用 - 效益分析评价环境资源的经济学方法主要有环境效果评价法、收益损失法、旅行费用法、随机评估法（也称条件价值法），其中后两者是目前国际上最流行的评价方法。

除了经济学评价方法之外，评价环境资源也可以用环境质量评价的其他方法，如指数法。例如，国家环境保护管理局在 20 世纪 80 年代对海南省自然环境质量的评价中，就是按照环境生态学的原理，提出了按生物生产量、生态系统的类型和物种多样性、生态系统稳定性、自然环境的清洁度四个基本原则为依据选择评价指标。在具体评价中，有根据科学性、简明性和发展性的要求，选择了生物量、维管束植物、表征动植物、土壤侵蚀模数、土壤有机质、森林覆盖度、保护区面积、径流变化均匀性、水污染和大气污染指数等。然后应用指数法和模糊聚类分析方法对海南省的环境资源进行了评价。

（二）环境风险评价

在环境风险识别中，将风险从认识论的角度分为真实风险、统计风险、预测风险和察觉风险四大类。环境污染评价和自然灾害的灾情评估基本上是与真实风险相联系。这里的环境风险评价基本针对统计风险和预测风险。对察觉风险，基本由环境风险认知分析来解决。风险与不确定性有密切的联系。不确定性是客观事物具有的一种普遍属性。它主要包括两个基本类型，即随机性和模糊性。随机性是针对事件的发生与否而言，事件的含义是确定的，只是由于条件不充分，它是否发生具有多种可能性。随机性可以用在［0，1］取值的概率分布函数来表示；模糊性是指元素对集合的隶属关系而言，事件本身的含义是不确定的，它可以用在［0，1］上取值的隶属函数来表示。通常认为，风险是可以度量的不确定性。风险评价就是将环境不确定性转化为风险的过程，它包括以下三个基本内容，即分析风险的发生过程，确定风险的规模和严重程度，估计风险发生的概率和期望值。

1. 确定路径

确定路径包括分析风险发生的过程以及将这一过程分解成可以确定各自概率的部分等两方面内容。对一般的工业过程如发电厂而言，可以采用"故障树分析"来指明可能出现的失误及该失误将对系统其他部分产生影响的可能路径，这对于那些可能发生爆炸、泄露、释放或坍塌等概率极小但危害严重的事故的系统，如核电站、化学工厂、大型建筑物和构筑物（如水坝）等来说尤其重要。

其他一些环境变化过程虽然没有上述事件那样剧烈，但是其环境影响同样是非常明显的，也很有必要分析清楚其发生作用的途径。例如由农业残余农药或土地填埋场引起的对地下水的潜在污染在很大程度上依赖于土壤条件、地质结构、降雨、排污类型及周期等，在这种情况下，污染途径非常复杂，有时需要借助计算机来建立模型来描述。对于一些环境的缓慢变化，如土壤侵蚀，要确定其发展变化模型就更为困难。

2. 确定风险的规模和严重程度

风险具有概率和规模两个作用属性。在考虑概率这个因素之前，首先要了解可能发生风险的规模。风险的规模实际上是指某一环境现象超出环境评价基准或标准的程度。显然，不同的风险类型存在不同的评价指标体系。如对于某一块土地来说，土壤侵蚀的数量可以用每年耕作层深度的变化（用厘米计）来表示；又如填埋场引起的地下水污染的严重程度是指地下水中有害物质元素的含量超出了临界值。沿海水域污染对旅游业的影响程度可以用染上肠胃炎的游泳人数来表示等。

关于环境损害的资料可以从不同的渠道获得。例如：

历史观测资料：如洪水灾害；

现场实验与观察：如土壤侵蚀、酸雨；

剂量——响应关系的研究或其他方面建立起来的函数式：如水体污染与游泳者健康状况之间的关系。建立模型：如地下水污染模型、核电站安全模型。实验室试验或对照实验：如空气污染引起的腐蚀等。

3. 估算概率和期望值

概率描述某个特定事件的发生概率。如果某个概率是建立在科学观测和估计的基础之上的，那么这个概率就称为"客观概率"；相反，如果某个概率是通过专家和决策者的判断得到的，那么这个概率就称为"主观概率"。确定概率和期望值的方法通常有统计法和专家调查法。

这里以灾害风险评估为例具体说明环境风险评价的内容。灾害评估是以对人类生命财产和生存环境造成严重破坏性后果的环境事件作为评估对象。灾害的后果是致灾因子特性（如洪水的淹没范围、水深、流速、水体含沙量、洪水历时等）、承灾体特性（人口密度和结构、土地利用方式、投资与财产密度等）和灾区社会的抗灾能力的函数。在灾害评估中，首先应该在分析环境系统的基础上，确定致灾风险，即确定不同强度致灾因子的发生概率。这里所说的强度是指诸如台风的风速、暴雨的单位时间降水量、洪水的水深和历时、地震的地表震动幅度、核泄露的辐射量、爆炸事故的能量等。不是任何强度的环境变化都能够成为致灾因素。只有那些强度大得足以对人类的生存和发展产生破坏性作用的环境变化才能称为致灾因子。

其次，确定承灾体（人类的生命、财产和生存环境）在不同强度致灾因子条件下的受损率，即发生损害的概率，也称为易损性评估。易损性评估一般能够提供如下信息。易损的范围：包括物质的（建筑物、基础结构、应急设备、农业等）、社会的（脆弱的团体、生活方式、对风险的理解、地方风俗习惯、贫困等）和经济的（直接损失和间接损失）三个方面。易损的类型：人员伤亡、建筑物损坏、生态资源破坏等。损失的程度：对损失的具体量度。

第三，在致灾风险评估和承灾易损性评估的基础上，进行灾情评估，亦即对灾害事件所产生的结果进行评估。灾害事件是致灾因子与承灾体的结合。灾害事件所产生的破坏性后果称为灾情。因为致灾风险评估和承灾易损性评估的概率特性，使灾害事件的发生也具有概率性，因此，在灾情评估中，特定环境下不同损失程度的灾害事件发生概率是不同的。根据灾害损失程度的不同，灾害被分为不同的等级。

第四，任何灾害事件的发生都不可避免地造成损失。一方面，人类必然会想方设法应付灾害，采取各种措施对付灾害。但是，不论采用何种措施，都应该判断其得失，得不偿失的行为是必须避免的。这就需要对人类的各种减灾措施进行成本效益评估，也简称为减灾效益评估。另一方面，由于任何减灾措施都不可能把灾害事件的发生概率降低到零。尽管人们期望通过努力把灾害事件的发生概率降得尽可能地低，但从经济上考虑，这样做所花费的成本可能很高。因此，就有必要对人类可接受的灾害水平进行分析，为成本效益分析提供一个基准。

二、环境评价标准

（一）标准的定义

关于标准，目前国际上还没有一个统一的定义。多数国家采用国际标准化组织的定义，即"标准是经公认的权威机构批准的一项特定的标准化工作的成果，它可以采用下述表现形式：一套文件，规定一整套必须满足的条件；一个基本单位或物理常数，如安培、绝对零度等；可用作实体比较的物体"。

我国国家标准总局对标准所下的初步定义是："对经济、技术、科学及其管理中需要协调统一的事物和概念所做的统一技术规定。这种规定是为获得最佳秩序和社会效益，根据科学、技术和实践经验的综合成果，经有关方面协商同意，由主管机关批准，以特定形式发布，作为共同遵守的准则。"

任何标准都需要规定适用的范围、适应的对象和必要的内容，一般称作为标准的三要素。标准的范围（分级）：根据使用的地区和范围，标准可以分为国际标准、国家标准、专业标准和地方标准等。

标准的适应领域和对象：目前标准的适应领域和对象已扩展到人类社会生产生活的各个领域。如环境保护、安全卫生、行政管理、交通运输、文化教育等，都应用着标准的原理，都是标准化的对象。

标准的内容：根据标准对象的特征和制定标准的目的，标准的内容有很多种，一般的技术内容主要包括名词、术语、符号、代号、品种、规格、技术要求、检验方法、检测规则、技术文件、图表、标志等。

环境标准是从保护人群健康、促进生态良性循环和经济社会持续发展出发，为获得最佳的环境效益、经济效益和社会效益，在综合研究的基础上制定的，经权威机关批准发布，具有法律效力的技术准则。它一般说明两个方面的问题，即人类持续发展包括人群健康及与其有密切关系的生态系统和社会财物不受损害的环境适宜条件是什么？为了实现这些环境条件，又能促进经济社会的发展，人类的生产、生活活动对环境的影响和干扰应控制的限度和数量界限是什么？前者是环境质量标准的任务；后者则是环境限制标准，如污染物排放标准的任务。通常人们所说的环境标准，主要是指后者，即环境标准是为保护人群健康、社会财物和促进生态良性循环，对环境中的污染物（或有害因素）水平及其排放源规定的限量阈值或技术规范。

环境评价标准比环境标准的内涵要广泛得多。环境评价必须以环境质量的价值为依据。因为对与人类社会生存发展的需要毫不相干的事物，即对没有价值的事物，人类没有必要去评价它。亦因为如此，环境评价的标准也必须从能否衡量环境系统对人类需要的满足程度的角度去研究和建立。具体来说，环境评价标准应该能够反映环境系统的健康价值、经济价值、生态价值和文化价值。

1. 环境的健康价值

环境的健康价值指一地当前的环境质量对该地人群的健康生存和繁衍需要的满足程度，其具体指标可以从影响人类健康的环境条件中来提取，比如空气的清新度、水的洁净度、噪声和辐射的强度、食物和住房的丰裕度等。其中的每一项指标还可能包含若干二级指标，如空气的清新度中就包含着大气中的 SO_2 含量、CO 含量、TSP 含量等。当然这里还有一个如何将若干二级指标提炼归并为一级指标的技术性问题。

2. 环境的经济价值

环境的经济价值指一地当前的环境质量对该地经济活动需要的满足程度，其具体指标应该从影响经济发展活动的基本环境条件中来提取。由于不同类型的经济活动对环境条件的需要可能有较大的差异，因此，确定环境经济价值的指标体系是一个比较苦难的研究问题。尽管如此，解决这一问题的思路还是比较清晰的，即把经济活动对环境条件的需求分为两个大类。一类是对各个环境要素的需求，如可供使用的土地面积和等级、可供使用的淡水数量和品质、可供持续提供的物质性资源（地下的和地上的，生物的和非生物的）等；另一类是对环境状态的需求，如交通便利程度、通信先进程度、自然景观的类型和等级等。

3. 环境的生态价值

环境的生态价值指一地当前的环境质量对该地自然生态系统保持良性循环需要的满足程度，亦即"大自然"的再生产或扩大再生产所需环境条件的满足程度。因此其具体指标可以从保持生态系统多样性、群落多样性、物种多样性和基因多样性中去提取。

4. 环境的文化价值

环境的文化价值指环境质量对该地人群生活习惯的改变、文化观念的更新、文明程度的提高等多方面的适应力。从历史上看，人类文明始终是在人类社会与环境的相互作用中不断地进步的。人类社会不断地适应环境、改造环境、保护环境和建设环境，而环境又总是不断地影响着人类的认识、意识、观念、思想和行为。这些都属于上层建筑的范畴，因此，反映这一价值的指标体系的提取将因为其不确定性和模糊性而显示出更大的难度。总之，环境评价必须以环境质量的价值为依据。

（二）环境标准与环境基准

狭义的环境标准是以保护人体健康、保障正常生活条件及保护自然环境为目标的。因此，在制定标准时，必须首先对环境中各种污染物浓度对人体、对生物及建筑等的危害影响进行综合研究，分析污染物剂量、接触时间和环境效应之间的相关性。关于这种相关性的系统资料称为环境基准。

基准资料是依据大量的科学实验和现场调查研究的结果综合分析得出来的。对于各种环境要素，有各种不同的标准，如大气和水的基准；与人体健康有关的是卫生基准；与各种动植物有关的是生物基准；与建筑物损害有关的则是建筑基准。它们的研究方法也不同。环境基准资料来源于许多国家、多种学科和不同部门广泛的研究成果。基准与标准既有区别又有联系。这可以从以下三个方面来理解：

基准是单一学科的研究结果，它所表示的是某种污染物质在某一环境要素中的存量与单一效应之间的关系；而标准则是在多个学科研究得到的基准的基础上，表述环境污染与人类社会生存发展的政治、经济、技术等多种效应之间的综合关系。

基准是纯粹的科学研究结论，它不以人的意志为转移，不能作为环境评价的依据；而标准是将基准与人群健康、社会经济发展和生态保护等对环境的需要综合起来进行分析和平衡的结果，并由国家以法律形式颁布，因此，它是环境质量评价的依据。

基准没有时间性，或者说它的时间性与地球演化的周期在同一数量级上；而标准则有明显的时间性。也就是说，它将随着人类社会的条件及其生存发展需要的改变而改变。

总而言之，基准是属纯自然科学范畴的，是标准的基础和核心，而标准则是属于上层建筑的范畴；基准值决定了标准的基本水平，同时也决定了环境质量应控制的基本水平。从量的角度看，环境标准值与环境基准值之间的关系可能出现三种情况：一种情况是把标准值定在基准值上（特定对象要求的最低水平）。在这种情况下，如果污染物超过了这一界限，就会对特定对象带来危害，因此其安全系数是比较小的。另一种情况是标准值低于基准值，即标准值定在基准要求的水平之上。在这种情况下，即使污染物超标但不超过基准值，也不会给特定对象造成危害，所以安全系数较大。第三种情况是标准值大于基准值，即标准值位于基准要求的水平以下。显然这是不允许的，因为基准值已是特定对象所要求的最低水平，任何标准都不应该定在基准已表明对特定对象能够产生危害的范围内。

（三）我国的环境标准体系

环境标准体系是各个具体的环境标准按其内在联系组成的科学的整体系统。从我国实际出发，我国的环境标准可由三类二级组成，即环境质量标准、污染物排放标准与方法标准三类；国家标准和地方标准两级。

1. 环境质量标准

以保护人群健康、促进生态良性循环为目标而规定的各类环境中有害物质在一定时间和空间范围内的允许浓度（或其他污染因素的允许水平）称为环境质量标准。它是环境保护及有关部门进行环境管理和制定排放标准的依据。

国家环境质量标准按环境要素和污染因素分成大气、水质、土壤、噪声、放射性等环境质量标准和污染排放标准。它对环境质量提出了分级、分区和分期实现的目标值，是国家环境保护政策目标的体现，适用于全国范围。国家环境质量标准还包括各中央部门对一些特定地区，为了特定目的、要求而制定的环境质量标准，如《渔业水质标准》《农田灌溉水质标准》和《生活饮用水卫生标准》《工业企业设计卫生标准》中的某些规定等。

地方环境标准是根据地方的环境特征、水文气象条件、经济技术水平、工业布局以及政治、社会要求等方面的因素，由地方环境保护部门经有关领导部门的批准而制定的地方标准。它同有关部门进行综合研究，依据国家环境质量标准对本地区环境进行区域划分，确定质量等级，提出实现环境质量要求的时间，同时补充国家环境质量标准中未规定的当地主要污染物项目，并规定其允许水平。这是国家环境质量标准在地方的具体实施，为地方环境管理提出了实现国家环境标准的具体环境目标。

2. 污染物排放标准

为实现国家或地方的环境目标，对污染源排放污染物进行控制所规定的允许排放水平，称为污染物排放标准。建立这种标准的目的在于直接控制污染源以有效地保护环境。因此，在经有关法律认定后，它对污染源有直接约束力，是实现环境质量目标的重要控制手段。国家排放标准是国家对不同行业或公用设备（如汽车、锅炉等）制定的通用排放标准。各地区都应该执行这一标准。国家排放标准通常按行业、产品品种、工艺水平和重点排污设备分别制定。

地方排放标准是由于地方的环境条件等因素，当执行国家排放标准还不能实现地方环境质量目标时而制定的地方控制污染源的标准。地方排放标准一般是重点城市、主要水系（河段）和特定地区制定。"特定地区"是指国家规定的自然保护区、风景旅游区、水源保护区、经济渔业区、环境容量小的人口密集城市、工业城市和政治特区等。地方应将执行国家排放标准作为第一步，地方标准的内容可补充、修订、完善国家标准之不足。

3. 基础标准和方法标准

它们是在制定各类标准时，对必须统一的一些原则、方法、名词术语等做出的相应规定，是制定和实现环境标准，实现统一管理的基础。这类标准如国际标准化组织（ISO）制定的《水质—取样—程序设计导则 ISO 56671—1980（E）》，我国的《制定地方大气污染物排放标准的技术原则和方法（GB 3640-83）》《制定地方水污染物排放标准的技术原则和方法（GB 3839-83）》等。

在环境标准体系中，最根本的是要实现国家环境质量标准。它主要通过执行国家级排放标准和特定地区的地方排放标准直接控制各类企业、事业单位污染源的排放量来实现。

环境标准控制污染、保护环境的作用主要表现在以下几个方面：

首先，环境标准是一定时期内环境政策目标的具体体现，同时是制定环境规划、计划的重要手段。制定环境规划需要有一个明确的环境目标，而环境目标就是依据环境质量标准提出的。相应的，制定环境保护计划也需要一系列的环境指标，环境质量标准和按行业制定的与生产工艺、产品产量相联系的污染物排放标准正是能起到这种作用的指标。有了环境质量标准和排放标准，国家和地方就可以较容易地根据它们来制定控制、改善环境的规划、计划，也就便于将环境保护工作纳入国民经济与社会发展规划与计划中。

其次，环境标准是环境法规执法的尺度。环境标准是用具体数字来体现环境质量和污染物排放应控制的界限、尺度。违背了这些界限，污染了环境，就是违背了环境保护法。环境法规的执法过程与实施环境标准的过程紧密联系着，如果没有各类标准，这些法规将难以具体执行。

再次，环境标准是科学管理环境的技术基础。环境的科学管理主要包括环境立法、环境政策、环境规划、环境评价和环境监测等方面。环境标准与它们的关系是：环境标准是环境立法、执法的尺度；是环境政策、环境规划所确定的环境质量目标的体现；是环境影响评价的依据；监测、检查环境质量和污染源排放污染物是否符合要求的标尺。因此，环境标准是科学管理环境的技术基础，同时也是评判环境质量好坏的依据。如果没有切合实际的环境标准，这些工作的效果就很难评定，也难以进行环境管理。

三、环境评价系统分析

环境评价实际上是对环境质量优与劣的评定过程。它是环境评价系统运行的结果。环境评价系统是由环境评价活动和其影响因素（也称环境评价活动的环境）共同组成的整体。环境评价活动是由环境评价主体与环境质量相互作用而成的。就其组成要素而言，环境评价系统一般包括环境评价主体、环境系统的状况（环境评价的客体）、环境评价目的、环境评价准则和环境评价模式等，前两者构成了环境评价活动；后三者则构成了环境评价的环境条件。

（一）环境评价活动

环境评价活动是评价者对环境系统的价值的感知、评判过程。评价主体在环境评价活动起着决定性的作用。通常由环境方面的专家组成，主要包括科学家和管理学家，必要时也可以将决策者纳入。在环境评价过程中，环境评价主体要完成如下任务。

1.确定评价目的

确定评价目的就是要明确环境评价是干什么用的。在相同条件下，评价目的不同，其评价结果也不相同，因为评价目的不同，评价的指标体系、评价的价值尺度、评价的时间和空间范围都会存在差异，即使采用相同的评价方法，也不会有相同的评价结果。如环境污染评价与自然灾害评价就是如此。由于目的不同，评价两者的指标体系就不同，从而评价结果就会有差异。为了反映这种差异，通常在评价前首先明确评价前提，也就是评价目的。

2.建立评价指标体系

环境评价指标体系是环境系统价值的高度概括，是用有限的指标去描述具有无限属性的环境价值系统，因此，环境评价指标体系是环境系统价值的"近似"表述。环境标准是环境评价指标体系的一种，主要是针对环境污染评价而设计的。此外，针对生态评价的生态标准和针对自然灾害评价的灾害标准等也都是环境评价指标体系的组成部分。

3.确定评价指标的权重

权重反映的是评价者的主观价值偏好，同时也反映各个评价指标所代表的环境价值属性对环境系统总价值的贡献程度的差别。它可以通过主观和客观两个方面来确定。

确定定性的评价指标的数值，即给评价指标赋值。

确定环境评价方法进行环境评价。针对环境评价的目的，在众多的环境评价方法中选择一种或几种方法进行评价。如环境指数评价方法、环境经济评价方法、环境生态评价方法、环境社会评价方法等。

在环境评价活动中，评价结论很容易受环境评价主体的影响。如在其他评价要素一定的情况下，评价主体的价值偏好会对评价结果产生重大影响。由于评价者价值偏好的差异，对同一评价指标体系各指标的赋权就不同，对一些定性的评价指标的赋值也存在差异，这些差异会导致不同的环境评价结论。因此，在评价过程中，应该建立一套行为规范来约束评价主体的行为，力争克服评价主体的主观价值偏好对环境评价的影响，也就是需要建立一个良好的评价环境。

（二）环境评价的环境条件

环境评价的环境条件是以环境评价活动为中心体，由环境评价目的、环境评价模式和环境评价准则构成的环境。

环境评价准则由环境评价指标体系和环境评价模型体系共同构成，它是环境评价行为的基础。

环境评价指标体系是环境系统价值的近似表述。对于同一环境系统而言，会有多种环境评价指标体系能对其内在价值进行度量，所不同的是每个指标体系反映环境系统价值的近似程度有所差异。显然，在评价方法相同时，指标体系与现实环境系统的价值属性越接近，其评价结果就越真实可靠。

类似地，环境评价模型是环境评价过程的近似反映。在评价指标体系一定的条件下，环境评价模型不同，其评价结论也会有所不同。

（三）环境评价模式

环境评价模式由环境评价原则、评价程序、评价体制和评价组织形式等构成。不同的环境问题可能有不同的评价程序，评价程序由评价主体根据环境系统价值的特点和工作习惯进行确定。一旦评价程序确定下来，就不能随意改变。评价体制与评价组织形式由评价主体和委托评价的单位协商确定，可能有多种形式。评价原则

是在评价工作中要共同遵守的，

对任何评价活动都不例外。一般来说，环境评价要遵守下列四项基本原则：

原则一：独立性原则。该原则要求评价者在评价环境事件、问题时，应始终坚持独立的第三者的立场，同时不受外界干扰和委托者意图的影响。评价机构也应该是一个独立的社会公正性机构，不属于环境管理部门和环境事件（包括污染事件、生态退化事件和自然灾害事件等）所涉及直接利益的任何一方所有。评价收益只与评价工作量有关。

原则二：客观性原则。该原则是指评价结果应以充分的事实为依据，排除评价过程中的人为影响因素。评价指标体系具有客观性。评价过程中的预测、推断等主观判断应建立在环境系统状态的基础上。评价者应该用公正、客观的态度和方法进行评价。

原则三：科学性原则。该原则是指在评价过程中，必须依据特定的目的，选择适当的环境标准和评价方法，制定科学可行的评价程序和评价方案，使评价结论准确合理。科学性原则主要包括两个方面，即环境评价方法的科学性和环境评价程序的科学性。环境评价方法的科学性不仅在于方法本身。而且更重要的是评价方法必须严格地与评价标准相匹配。环境评价标准的选择是以特定评价目的决定的，它对评价方法具有约束力。

在环境评价中，不能以方法取代评价标准，用评价技术方法的多样性和可替代性模糊环境评价标准的一致性，从而影响评价结果的科学性。

环境评价程序的科学性是指环境评价程序应以环境评价类型本身的规律性和国家有关法律、政策等为依据，结合环境评价的具体情况来确定。评价程序一旦确定，就应该保持一定的稳定性，不能随意改变。在评价过程中，通过提高环境评价程序的科学性，可以降低评价成本，提高评价的效率。

原则四：专业性原则。该原则要求评价机构必须是专业性机构，拥有一支以多学科专家组成的专业评价队伍；评价专家必须有良好的教育背景、深厚的专业知识和丰富的实践经验，这是保证评价方法正确、评价结论公正可靠的技术基础。与此同时，该原则还要求评价市场有适当的专业竞争，以便委托者有一定的选择余地，这是确保环境评价公平的市场条件。

（四）环境评价的基本过程

环境评价是对环境系统的价值进行评价的过程，特别是对特定地区出现环境问题的可能性及其可能造成的损害进行定量的评价。它涉及以下几个基本环节：

1. 环境中"问题"因素的风险分析

在环境污染系统中，"问题"因素是指污染源；在自然灾害系统中，"问题"因素是指灾害源，也称致灾因子；在资源与生态系统中，"问题"因素是资源枯竭和生态退化因素。环境"问题"风险分析的主要任务是研究给定区域内各种强度的问题因素发生的概率和重现期。如研究特定区域内各种强度的致灾因子的发生概率和重现期等。

2. 区域承受环境危害能力分析与评价

区域承受环境危害能力分析与评价也称承载体易损性分析。特定区域的环境"问题"因素只有与该区人民的生命、财产及其生存环境相结合，并造成后者产生损失，才能够称为环境（危害）事件。显然，一个环境事件损失的大小，在"问题"因素一定的条件下，取决于区域承受能力。能力越大，损失就越小。因此，环境评价的第二环节是区域承受环境危害能力分析。具体包括两个方面：

环境影响区域的确定：也称风险区的确定。主要研究一定强度环境"问题"因素的影响范围。如研究一定强度自然灾害事件发生时的受灾范围。

环境影响区域特性评价：也称风险区特性评价。对风险区内主要建筑物、其他固定设备和建筑物内部财产，风险区人口数量、分布，资源与生态环境、区域经济发展水平等进行分析与评价，主要包括承灾体易损性评价、环境的生态脆弱性分析、环境容量分析和环境资源承载力分析等内容。

3. 环境"问题"危害损失评估

主要评估风险区内一定时段内可能发生或已经发生的一系列不同强度环境危害因素给风险区造成的可能或实际后果。例如，对于自然灾害风险评价来说，环境系统分析与环境识别的内容可进一步细化。

第三节　环境对策分析

针对环境问题的严重性和复杂性，人类必然会想方设法来解决。如人们面对自然灾害及其所造成的巨大损失，其自然反应必然是如何通过各种措施防止和减轻灾害所造成的损失；即使损失已成为事实，也会通过各种途径将损失分摊出去，把损失控制在能够承受的范围内。这里涉及两种灾害对策，即减灾对策和事实分摊对策。可见，环境对策是研究人们采取什么样的措施来对付环境问题的研究领域，这里主要对人类社会行为、环境对策的类型进行讨论。

一、人类社会行为分析

人类的社会行为是一个内容十分丰富、构成十分复杂的系统，其中与环境系统关系最为密切的是人类的经济发展行为。人类经济发展行为可以从不同的角度和侧面加以分类和认识。比如，从功能的角度可以分作生产活动、流通活动和消费活动；从技术和管理角度可以分为农业、工业和第三产业活动等。这种认识和分类非常直观，具体而且便于管理，但它无助于对环境系统价值进行认识。从环境与发展的角度看，更关注人类行为对环境的影响以及环境对人类活动的限制。因此，对人类经济行为的分析，应从人类社会行为的层次、时间与空间范围、类型等方面入手。

（一）人类社会行为的层次

人类是一个高度组织起来的社会。它有自己的目标和意志，它的行为是在意识、观念指导下的行为。因此，层次性是它的基本特定，同时也是最重要的特点。人类社会的经济活动大体可分为三个层次：

1. 战略层次

具体指经济发展方向的选择和经济结构的安排，是人类社会意志在经济方面的表现，是人类社会行为一个重要的组成部分。这一层次的行为必须与当地的环境质量条件相适应。否则这一行为的执行会造成极大的环境阻力，使原定的目标得不到实现，即使勉强执行下去，其结果也是使当地的环境质量恶化，阻碍当地经济社会进一步发展，即发展不能持续。

2. 政策层次

具体指产业或行业部门的平面布局。对一个特定的地区而言，不论其经济发展方向如何明确，其经济结构也决不能是单一的，就是说各种产业一定要有适当的比例。不仅农业、工业、服务业要有适当的比例，而且在工业中的冶金、化工、建材等也一定要有适当的配比。因此，必须在平面上对这些有个布置，即产业布局。产业布局，总有一定的指导思想、原则以及相应的政策。如果在布局中仅仅考虑经济因素而忽视环境因素，不从经济与环境协调发展的角度来进行，则会产生严重的环境问题。如在区域的上风上水方向，甚至在水源地附近布置对大气和水体有严重影响的工矿企业，就会造成很严重的环境污染问题。

总之，有的政策和管理措施可以使经济布局从环境中取得源源不断的支持，有的则使周围的环境质量日趋恶化。因此，这一层次的人类活动应当得到广泛关注。

3. 技术层次

只要是经济活动，不论其发展方向选择得如何正确，经济结构如何合理，布局如何得当，它总要消耗环境资源，总是要向环境中排放一定量的废弃物，也就是说总会对环境系统造成影响。因此，必须选择先进的生产工艺，选择有效且切实可行的治理措施。这些都属于技术层次。

（二）人类社会行为的时、空范围

人类社会行为具有其所涉及的空间范围和活动发展阶段。经济发展活动受环境的影响和其影响到的环境在空间上都是具有一定边界的。有的经济活动的影响范围较小，如一个规模一般的工厂；有的则影响较大，如一个湖泊或流域的开发、大型乃至特大型工程的环境影响等。

影响范围不同的经济活动，其对环境系统的影响也不同。可见范围是人类社会活动的重要特征之一。

不仅人类社会活动具有其特定范围，而且还具有特定的发展阶段，也称为发展时序。因为任何一个经济发展活动均是一个过程。一般来说，这个过程大体可划分为三个阶段：一是规划阶段；二是实施阶段，主要包括计划、设计和建设的全过程；三是运行阶段。显然，不同的活动阶段对环境系统会有不同的影响。因此，从环境与发展相协调的角度，不同的阶段应该有不同的环境政策。大体说来，在经济发展活动的规划阶段，把重点放在做好环境规划上；在实施阶段应把重点放在环境影响评价上；而在运行阶段，重点应放在环境监测和治理上。可见，时序是经济发展活动阶段性的表现，同时也是人类社会活动的重要特征。

（三）人类社会行为的类型层次

人类的社会活动具有多种类型。通常而且使用最多的分类体系是三次产业分类法。不同的产业与环境的关联程度也不同。

1. 第一产业

第一产业也称第一次产业、第一部门、初级产业。这是对自然界存在的劳动对象进行收集和初步加工的部门，通常指生产工业原料或生产不需经深度加工即可消费的产品部门。第一产业主要包括农业、林业、畜牧业和渔业，也就是通常所说的大农业。

农业是人类生存之本，是一切生产的首要条件，同时也是国民经济的基础。作为社会物质生产的一个部门，农业具有与其他生产部门不同的特点，主要表现在农业是自然再生产和经济再生产有机结合的部门；是具有强烈季节性、周期性、连续性和地域性的生产部门。因为这些特点，农业是与环境关系最为密切的部门。

农业是一种多部门结合的产业，具体包括：

种植业：这是一个人工栽培农作物的生产部门。它的种类繁多，包括粮食作物、经济作物、蔬菜作物、饲料和绿肥作物等。它不仅是大农业的基础，而且其分布和发展，对国民经济各部门都有直接影响。

林业生产：主要生产对象是森林（包括天然林和人工林）。它的生产既取决于自然因素，又取决于社会经济因素。

畜牧业主要对象是饲养动物（畜禽等）。

渔业：包括淡水渔业和海洋渔业。从生产方式上看，渔业又可分为捕捞渔业和养殖渔业两个基本过程。

郊区农业：以提供蔬菜、副食品满足城市居民需要的农业生产。

2. 第二产业

第二产业又称第二次产业、第二部门、二次产业。这是将第一产业的产品进行加工制造或精炼的部门。中国国家统计局划定，第二产业包括采掘业、制造业、自来水、电力、蒸汽、热水、煤气、建筑业等，这里主要考虑工业。与农业等其他物质生产部门相比，工业有其自身的特点。

工业是利用农业提供的产品和自然资源进行加工再加工的过程。它主要是物理的和化学的变化过程以及少量的生物作用和生物工程的过程。

工业生产过程可以划分阶段，这些阶段也可以是不连贯的、不依次的，甚至是可以分散在不同地区独立经营。

工业布局遵循微观—中观—宏观进行多因素综合协调发展，其基本趋势是遵循集聚—扩散、不平衡—平衡的格局发展。

3. 第三产业

第三产业又称为第三次产业、第三部门、三次产业。这是在再生产过程中为生产和消费服务的部门。中国国家统计规定，第三产业分为四大部门。

其一，流通部门，包括交通运输业、邮电通信业、商业、饮食业、物资供销和仓储业；

其二，为生产和生活服务的部门，包括金融保险业、地质普查业、房地产业、公寓事业、居民服务业、旅游业、咨询信息服务业和各类技术服务业；

其三，为提高科学文化水平和居民素质服务的部门，包括教育、文化、广播电视事业、科学研究事业、卫生、体育和社会福利事业；

其四，为社会公共需要服务的部门，包括国家机关、党政机关、社会团体以及军队和警察等。

不同的产业对环境的依赖程度是不同的。产业层次越高，对环境的依赖就越小，其对环境的影响或破坏的程度就越小。

综上所述，人类的社会行为，特别是经济发展行为对应着由层次、范围、时序和类型组成的四维行为空间中的一个点。当然，如果需要的话，还可以增加行为空间的维数。

二、环境对策的类型

在环境保护所面对的环境系统中，存在许多性质或表现不同的现象或事物。为了方便认识环境系统，需对这些事物或现象进行分类。具体来说，有三类现象和事物必须研究。一类是相对稳定的事物，它们往往以要素的形式出现，主要有大气、水、土壤、生物资源和矿产资源等；另一类是变动的现象或事物，它们往往存在于发展和环境的矛盾之中，并经常以问题的形式出现；再一类是以时间序列为特征，即把要素或问题按时间进行排序。因此，从环境与发展的角度看，人类的环境对策类型，大致可以分为三大类。

以要素为导向的环境对策体系：如大气环境对策、水环境对策、土壤环境对策、资源环境对策等。以问题为导向的环境对策体系：如环境退化对策、环境污染对策、自然灾害对策等。以时序为导向的环境对策体系：如预防对策、危机对策、事后对策等。

这里重点说明以时序为导向的环境对策体系。

（一）环境危害事件的预防对策

环境危害事件是环境危害因素和人类的生命财产与生存环境相结合并产生损失的事件，其发生是有条件的。这里以环境事件发生为分界线，将人类对付环境事件的过程分为三个阶段，即事件前、事件中和事件后。对于不同的阶段，环境对策的侧重点是不同的。

环境危害事件前的预防对策是人们在预防各类环境事件所采取行动的总和，它是环境对策的重点。环境预防对策包括工程对策和非工程对策两个方面。

1. 非工程对策

非工程对策是环境危害事件发生前人们所采取的各种预防措施的非工程方面，具体包括事前准备、环境事件的预报和预警等。

事前准备是在考虑环境污染、生态退化和自然灾害等环境事件的危害性之后，事先准备的能够使政府、组织（团体）和个人对环境危害事件做出迅速而有效的措施。这些措施包括制订有效的预防计划、保持一定规模的资源储备、进行必要的人员培训。

损失分摊计划：当一个环境危害事件对局部区域产生破坏作用并造成人们的生命、财产以及生存环境损失时，很可能使该区的经济社会发展呈现不可持续性。因此就有必要依据"有福同享，有难同当"的社会原则，将局部损失分摊到全局中，使受危害区的损失水平降到该区可以承受的水平以保持持续发展的能力。损失分摊的技术途径可分为经济和社会两个方面。经济途径就是保险；社会途径主要包括政府救济、国内和国际援助。相比较而言，保险是最有效、可靠的损失分摊途径。损失分摊计划就是在环境危害事件出现前，根据国际和国内的形势，充分利用不同损失分摊途径的优点，选择各种损失分摊途径的组合比例，以备在环境危害事件发生后能够及时地将损失分摊出去。

资源储备水平的保持：为对付环境危害事件，必须事先储备一定数量的物资、装备和人员。在平时，这些储备是没有效益的，但是又是必需的。

人员培训：由于环境危害事件大多为小概率事件，多数人对之缺乏应有的经验和知识。因此，必须通过培训来提高人员的素质。培训一般包括两个方面的基本的内容，即技能培训和公共环境意识培训。其基本目的是充分利用国际和国内的现有能力，使有关人员掌握环境危害事件处置的基本知识和基本技能，使每个公民了解与可能的环境危害事件有关的信息，并与政府密切合作，共同创造一个有知识、有警惕性、有自力更生意识和能力的社会。环境的预报和预警是在总结环境系统发生发展规律的基础上，对环境危害事件进行预报或预测，并告知公众可能的灾难性后果和正确的预防措施。在这里，涉及三个术语或概念需要加以区别，即预测、预报和预警。

预测主要是基于统计学原理，或基于对环境系统运动规律的认识，使用过去事件的历史纪录或边界条件去估计同样事件在未来发生的可能性，它一般是长期的。预报是相对认识比较清楚的一种理性判断，并以参与某一环境过程的单个事件的监测、评价为依据。这意味着这个单个事件是可以监测的，常常可以非常准确地确定出该事件的发生时间、地点和幅度。预报是基于可观测的科学事实所做的判断，并不告诉人们在环境危害事件发生时如何去做，它通常是短期的。

预警是发布一种信息以警告公众环境危害事件即将发生并告知公众应采取什么样的措施来减少损失。所有的预警都是以预报或预测为基础的。预报和预警相结合对通过采取短期行为（例如人员疏散）就可以减少损失的一类危害事件是非常有效的。如飓风（台风）、龙卷风、洪水等气象水文灾害。

2. 工程对策

工程对策是环境危害事件发生前人们所采取的各种预防措施的工程方面，具体包括生态保护工程、污染防治工程和减轻自然灾害工程等。

生态保护工程：指人类为防止生态恶化而采取的工程措施。例如，对于水土流失的控制除了严格执行国家已颁布的《水土保持法》及其实施条例外，还要采取工程措施和生物措施进行治理。工程措施是治标，应在山坡修建水平沟和水平梯田，在沟谷修建谷坊坝和蓄水塘，关键地段还应以水泥浆砌石块作为骨干坝。生物措施主要是恢复植被。这是治理水土流失的根本措施，要根据山场的立地条件分别种植乔木、灌木或种草，封山育林的山坡严禁放牧。山区的基本农田应在是沟谷和缓坡所建的水平梯田，田边用石块垒砌，留出泄水沟。25° 以上的山坡严禁开荒，并将已开垦的退耕还林或种草。离村较近的山场应烧柴和放牧使植被稀疏，加剧水土流失，可以在近山建设薪炭林等。实施小流域综合治理。

污染防治工程：人类为了防治环境污染而采取的工程措施，主要包括大气污染防治工程、水污染防治工程、固体废物处理和利用工程、噪声控制工程等。例如，水污染防治工程就是用各种方法将废水中所含的污染物质分离回收，或将其转化为无害物质，从而使废水得到净化。针对不同污染物的特性，有不同的废水处理方法，特别是对工业废水。这些处理方法按其作用原理大致可以分为四类：一类是物理法，即利用物理作用分离废水中呈悬浮状态的污染物质，而不改变污染物质的化学性质，具体包括沉淀、浮选、过滤、离心、蒸发、结晶等；一类是化学法，即利用化学反应，去除污染物质或改变污染物质的性质，主要方法有混凝、中和、氧化还原等；第三类是物理化学法，即利用物理化学作用去除废水中污染物质，主要有膜分离法、吸附法、萃取、离子交换等；第四类是生物化学法，即利用各种微生物，将废水中有机物分解并向无机物转化，以达到废水净化的目的，主要有活性污泥法、生物膜法、生物塘及土地处理系统等。由于废水中的污染物是多种多样的，因此往往需要多种方法结合起来组成污染处理系统，才能达到相应的目的。除此之外，污染处理还可以充分利用环境净化能力并设法提高环境系统的净化能力。

灾害减轻工程：是人类为对付自然灾害而采取的工程措施，主要包括环境控制工程、改变致灾因素危险性工程、改变承灾体易损性工程等。一个灾害事件是由致灾因子和承灾体相互结合并造成人类生命、财产损失的事件，其形成具有的环境或条件。环境控制工程就是设法消除或减弱灾害事件的形成条件而达到减灾的目的，其主要途径是减少致灾因子与承灾体的相互作用的机会。例如，在沙漠边缘区通过草格固沙、恢复植被等措施来限制流沙与农田、居民点的接触机会；又如在河流两岸修建设大堤以阻止洪水与人类财产接触从而达到防灾的目的。改变致灾因子危险性工程主要是通过工程措施降低致灾因子的能量强度和能量释放时间，如人工影响天气来减轻灾害性气象因素的危害性；又如通过断层注水、人工爆炸的途径诱发小震，可以使破坏力极大的地震能量分解成若干小震释放出来不致为害等。改变承灾体易损性实质是提高人类社会的抗灾能力，其核心措施是进行经济和社会设施建设时，实施抗灾设计、优质施工、科学运营。

（二）环境危机对策

环境危机对策是指环境危害事件发生时人们的紧急应付对策。一般而言，这一阶段的主要任务是人员营救、财产保护以及处理危害事件所引起的直接破坏和其他影响。典型的措施是计划的实施、危机系统启动、搜寻与营救、提供应急食品、住房、医疗援助、调查评估、疏散人员等，其中最主要的方面就是实施紧急行动预案。紧急行动预案是政府、有关部门、专业救灾抢险队伍在发生重大环境危害事件时应采取的一整套技术措施、管理办法和行动的指导性方案。

制定紧急行动预案的意义在于使政府在发生重大环境危害事件后能有计划、有准备地应付突发事变、提高救灾组织的指挥效率和整体救灾功能；使各行各业、特别是工业部门和城市生命线管理部门能根据本部门的实际情况实施紧急抢救行动，防止次生灾害和衍生灾害，控制灾情的发展蔓延；使决策者和救灾人员心中有底，减轻心理压力，做到有章可循，有条不紊，临危不惧，防止消极行动。

1. 紧急行动预案的内容

紧急行动预案主要包括以下内容：

（1）本地区环境危害损失预测；

（2）紧急救灾指挥系统的机构设置、职能和运作方式以及与其他部门和官员的联络方式；

（3）各类救灾队伍的数量、分布、配置和调用方案；

（4）环境危害信息网络的设计与启用、灾情监测与快速评估方法；

（5）紧急通信系统的启用、各类通信设施在紧急情况下的统筹分工、环境危害地区的通信恢复；

（6）交通运输设施及能力的恢复、救灾物资的运输方案、紧急情况下交通运输工具的征用和管制；

（7）工程抢险和生命线的抢救和恢复；

（8）灾民的抢救、疏散、转移和安置；

（9）危险物品的处理与防护；

（10）专业及群众性消防队伍的组织协调、消防器材的配置和调用、军队的武警队伍的调动和任务分配；

（11）救灾物资的储藏和紧急调用；

（12）医疗卫生队伍的调动和任务、抢救危重伤病员和防疫工作的组织；

（13）紧急治安管制的措施及实施办法、群众治安组织和军民联防组织的运作、重要场所的安全卫生。各区域、行业或企业还应根据本身情况制定更具体的紧急行动预案。

2.国际劳工组织制定的应急预案要点

国际劳工组织制定的《重大事故应急控制手册》要点如下：

（1）区别紧急情况的级别及危险性：列出幸存的危险因素，如自然灾害、易燃气体泄露引起火灾、有毒物质泄露、危险性设施等，并分别说明其危害和后果

（2）紧急状态的处理步骤：

A.详列公司最高主管的电话、手机、传呼机、传真以及电子信箱的号码。

B.其他有关人士如厂长，科长，维修部等部门主管及重要人员的联络号码。

C.政府部门及有关部门的联络号码，如消防队、公安局、交通局等。

D.成立紧急机构：

a）列明指挥职责和权力，指挥部具有充足的通信器材，人员具有安全防护设施；

b）消防队应了解工厂平面及危险源的分布；

c）明确兼职消防员和安全员的职责。

E.详细列明员工撤退前应执行的安全操作步骤。

F.详细列明因事故造成电流和通信中断破坏时的补救方法。

G.详细列明各类化学物质和药品的性质和处理、急救方法。

H.每天记录危险品的存储量，紧急状态时提供给有关人员以便防止连锁反应。

I.员工撤退的路线和方向、附近工厂和居民撤退的通知方法、时间和方向。

（3）恢复正常操作的步骤如下：

A.详细列明员工回到岗位的职权及操作步骤。

B.善后工作的处理步骤。

C.依灾情轻重确定善后处理：

a）重新安装防火系统和应急装置；

b）火、空气、氮、蒸汽的恢复供应；

c）恢复供电；

d）整理环境；

e）找出事故原因再恢复生产。

（4）列明个人防护用品的存放地点、数量、紧急情况下的领取方法等。

（5）员工和有关人员平时的训练计划。

（6）紧急状况演习。

（7）定期审定紧急状况的步骤并重新编号，以跟上设备更新和员工的变化。

（8）详细列明紧急状态下员工、工程师、领班、紧急状态处理小组、救护人员等的职权和责任。

（三）环境危害事件发生后的对策

任何环境危害事件必然要对人类的生命、财产和生存环境造成损害，从而导致生产的停顿和社会秩序的混乱。因此，在环境危害事件发生的危机期过后，人们必然开始对环境危害事件影响区进行恢复和重建。恢复是使环境影响区的社会恢复到其环境事件影响前的生活状态，同时为适应环境危害事件造成的变化而做的必要调整提供支持和方便。恢复主要指恢复生产和恢复正常的生活秩序。重建是在恢复一段时间后而采取的对环境影响区的建设措施，主要包括永久性住宅建设、服务设施的全面恢复、社会生活恢复正常等。这里以自然灾害事件为例说明。在遭受严重的诸如洪水、地震、火灾、台风等自然灾害的破坏，紧急救助告一段落之后，就应该尽快地转入恢复重建阶段，使经济生活和社会生活迅速趋于正常。在灾后的恢复重建中，首先要抢修对人民生活必不可少的生命线工程，主要包括交通干线、通信、供水、供电、供气等，这关系到防止次生灾害，外界援助人员和物资的输入，灾区伤病员的及时治疗和脆弱人群的疏散，灾后生产的恢复，与外界的正常联系以及安定民心等。

其次，在灾民安置和生命线系统恢复告一段落之后，应该立即着手恢复工农业生产，这是全面恢复灾区正常经济生活，增强灾区的自救能力所必需的。应进一步核实灾情,制订合乎实际的计划。集中人力、物力和财力,恢复重要厂矿的生产能力;恢复工农业生产配套的污染防治工程的功能;对于难以恢复的企业,应视情况分别确定重建、改建或放弃方案等。

第五章　光催化材料与环境保护

第一节　光催化纳米材料在环境保护中的应用现状

光催化技术是指在特定波长光源照射下，光催化纳米颗粒与水体、空气中的氧元素结合后发生氧化还原反应。在室温条件下，利用光催化技术可以光解、消除有机污染物和部分无机污染物。光催化反应一方面可以直接破坏细菌微生物的细胞壁；另一方面将污染物降解为无毒无害物质，从而实现污染治理目标。本节将结合实践，探讨光催化纳米材料在环境保护中的应用现状。

一、光催化纳米材料在环境保护中的应用

（一）大气治理

大气中的有害气体，常见如 CO、SO_2、NO_x 等，不仅是造成酸雨、光化学烟雾、温室效应的罪魁祸首，还直接危害人体的健康。利用光催化纳米材料，可对低浓度有害气体进行降解；配合过滤技术，还能净化空气。现有研究发现，可在载体表面涂抹 TiO_2 材料，对有害气体进行吸附，并转化为无害气体。研究表明，在 TiO_2 材料中掺杂 WO_3，能提高催化剂的活性，用于空调制作，可以杀菌、净化空气。此外，使用紫外光照射 TiO_2 材料，可降低室内甲醛、乙醛的浓度。但是，该材料只能处理低浓度的有害气体，在高浓度气体中，其催化活性会不断降低，直至完全失活。

（二）水污染治理

第一，无机废水处理。在光催化纳米材料的表面，无机物的光化学活性强，材料经激发后，会氧化低氧化态的有毒无机物，还原高氧化态的有毒无机物，从而降

解无机污染。在这个过程中，由于水体中的重金属种类多，且部分重金属具有回收价值，利用 TiO_2 材料可以吸附汞、银等离子，实现重金属的回收再利用。

第二，有机废水处理。根据有机废水的分类，将光催化纳米材料的应用归纳总结为五类：①农药废水。以含硫农药为例，将 TiO_2 和 SnO_2 复合使用，发生氧化反应后可实现降解效果。②化工废水。化工废水中的污染物较多，例如甲醇、乙醇、苯类、乙烯基二胺、苯甲酸等。利用 TiO_2 材料，可以快速降解，消除污染物的危害。将人工采光技术、TiO_2 材料相结合，可将多氯联苯物质降解为 CO_2 和 H_2O。③含油废水。在石油开采和运输期间，含油废水会污染海域环境，利用 TiO_2 材料可以降解油污。在具体应用中，先在空心玻璃球载体中，采用浸涂－热处理法制备 TiO_2；然后依照相关规定，控制负载量和晶型，利用此催化剂可以对水体表面的浮油进行降解。④印染废水。印染废水中的有害物质主要是苯环、氨基。在溶解氧条件下，利用 TiO_2 材料可将上述污染物转化为矿化有机物，其间不会出现二次污染。⑤造纸废水。造纸废水中的总碳含量高，利用光沉积法制备的催化剂（RU/TiO_2），有机总碳的去除率达到 99.6% 以上，实现废水脱色的目标。

第三，自来水净化。自来水是从地表和地下水源获得，净化时的重点是清除悬浮物，但细菌、胶体物质的降解不完全。利用 TiO_2 材料，不仅能降解有机物、无机物，还能进行杀菌。现有研究表明，可以使用玻璃纤维网固定 TiO_2 材料，形成催化膜后，直接对自来水进行净化，有机物的去除率能达到 60% 以上。

（三）噪声控制

随着经济社会快速发展，人们的交通出行需求逐年增加，车辆、船舶、飞机等交通工具在行驶中，发动机产生的噪声大。人们长期处于噪声环境下，会危害身心健康，尤其是损伤神经系统功能。对此，利用 TiO_2 材料制作润滑剂，可在发动机的表面形成永久固态膜，既能提高润滑效果，又能降低噪声，延长发动机的寿命。

（四）其他领域

第一，消毒杀菌剂。在常见的消毒杀菌剂中，含有 Cu^{2+}、Ag^+ 等离子，能促使细菌失活。但是，细菌死亡后，有毒成分会释放出来，因此杀菌效果不彻底。基于光照条件下，利用 TiO_2 材料会发生光化学氧化反应，降低生物体辅酶活性，不仅能杀死细菌，还能分解细菌死后释放的内毒素，实现彻底杀菌。现有研究表明，可在陶瓷表面涂抹 TiO_2 浆料，高温煅烧后可形成光催化薄膜，将其用在卫生间等部位，可以净化空气、消毒杀菌。

第二，清洁涂料。光催化纳米材料能处理化纤，提高化纤的双亲性，即亲水性和疏水性。用于制作衣服、窗帘等，具有良好的自清洁能力。一方面，可以减少化学洗涤剂的用量；另一方面，能减少污水的排放。

第三，包装材料。食品在阳光的直接照射下，加快食物变质速度。在包装材料中，加入 0.1% ~ 0.5% 的 TiO_2 材料，可以阻挡紫外光对食品的破坏，从而保持食品的新鲜度。此外，TiO_2 材料自身的抗菌效果显著，果蔬采摘后会累积乙烯，两者结合后能将乙烯分解为 CO_2 和 H_2O，从而实现保鲜效果。

二、影响光催化纳米材料活性的因素

（一）半导体能带位置

半导体的带隙宽度，决定了光学吸收能力，半导体的能带位置、被吸附物质的氧化还原性，直接影响光催化反应结果。一般情况下，价带顶（valence band top，VBT）越正，空穴的氧化能力越强；导带底（conduction band bottom，CBB）越负，电子的还原能力越强。价带、导带的离域性越好，空穴或电子的迁移能力越强，有利于氧化还原反应的发生。

（二）电子和空穴的作用

在光激发下，电子和空穴的变化途径多样，主要分为分离、复合两种。催化反应过程中，如果缺少合适的捕获剂，电子和空穴分离后，会在半导体粒子的表面或内部放出热量。简单来说，该捕获剂就是吸附在光催化剂表面的氧，既能抑制电子和空穴复合，也可以对羟基产物进行氧化。

（三）晶体结构

实践研究证实，晶体结构也会影响半导体的光催化活性，以 TiO_2 材料为例，主要分为两种结构，一是金红石；二是锐钛矿。两者的共同点是均能利用 TiO_6 八面体表示；不同点则是连接方式、畸变程度有差异。由于锐钛矿的质量密度低于金红石，且带间隙大于金红石，因此光催化性能优于金红石。

（四）比表面积

在多项催化反应中，如果反应物充足，催化剂表面的活性中心密度不变时，其比表面积越大，催化活性越强。比表面积决定了基质吸附量。随着比表面积增大，其吸附量增强，因此，催化活性增高。而在实际应用中，对催化剂的热处理不当，催化剂可能存在多个复合中心，就会削弱活性。

（五）晶粒大小

相比于普通粒子，半导体纳米颗粒的光催化性更强，分析其原因如下：①纳米粒子具有量子尺寸效应，电子－空穴的氧化还原能力更强，半导体的催化氧化活性增强；②纳米离子的表面积大，提高了污染物吸附能力，尤其是反应活性点增多；③半导体纳米粒子的粒径，一般小于空间电荷层的厚度，因此相关影响可以忽略。光生载流子从离子内部迁移到外表面，会和电子的受体、给体发生氧化还原反应，继而增强催化活性。

三、提高光催化纳米材料催化活性的方法

除了 TiO_2 以外，ZnO 也是一种常用的光催化纳米材料，在实际应用中，提高催化活性的方法如下。

（一）掺杂阴阳离子

以 C^{4-}、S^{2-}、N^{3-} 等阴离子为例，掺杂在 ZnO 中可以提高催化性能。国内学者研究称：制备 ZnO 时掺杂 N，在可见光下 ZnO 对双酚的催化性增强，带隙宽度变窄。而在阳离子方面，Na^+、K^+、Cu^{2+}、Mg^{2+} 等阳离子的掺杂，也能提高光催化性能。

国外学者研究称：在 ZnO 表面覆盖一层 Ag，可以改变 ZnO 结构的禁带宽度，当 Ag 掺杂浓度为 4.14% 时，禁带宽度减小至 3eV，从而提高光催化性能。

（二）半导体异质结

利用半导体和 ZnO 形成异质结，也能提高催化性能。以 CdO 为例，CdO 和 ZnO 形成异质结纳米线，经可见光照射，其催化效率明显提升。分析其原因，是异质结的禁带宽度为 2.5eV，随着 CdO 成分增加，催化剂吸收可见光的能力增强，催化分解率不断增高，最大值为 75%。

（三）贵金属修饰

采用贵金属进行修饰，也是提高催化性能的有效手段，常见如 Pt、Ag、Au 等。以 Ag 为例，有学者采用水热合成法、电纺丝法，利用 Ag 修饰 ZnO，观察亚甲基蓝的退化特点。结果显示：Ag–ZnO 纳米材料的光催化性提高，且光吸收能力增强，抗菌作用更加突出。

第二节　环境保护中催化材料的应用

本节对环境保护中催化材料的应用进行分析，对目前主要的催化剂进行详细介绍，为环境保护工程的发展提供重要的参考依据，为我国环境保护事业建设提供重要的参考。传统环境污染处理主要以空气分离法、碳吸附法为主。光催化作为全新技术，具有无毒无害可循环利用的优势，对工业废水、废渣，生活垃圾以及水质净化具有显著作用。

环保催化剂主要就是对有毒有害物质进行无害化或者减量化处理，进而避免对周边生态环境造成严重影响，环保催化剂是对环境保护有益的，在污染物处理中不会产生毒副产物的催化合成过程，主要分为直接催化和间接催化两种，例如，从排气中除掉氮氧化合物属于直接催化，而在燃烧过程中抑制氮氧化合物生成则属于间接催化。

一、环保催化剂的实际应用

贫燃汽车。目前在环境保护中，燃油汽车所产生的大量尾气会对空气造成严重污染，尤其是柴油发动机在平原状态下，其空燃比达到 17：1。发动机动力性能可以显著增强，也可以有效降低二氧化碳烃类化合物的排放。但是会产生大量氮氧化合物，针对这一情况需要积极对贫燃车利用催化剂抑制氮氧化合物。通过开发新型的车用催化剂，可以在贫燃条件下加强对柴油发动机和贫燃发动机的改造，从而降低氮氧化合物的排放。

烟气脱硫的研究。目前烟气脱硫最常用二氧化硫选择性催化剂还原为元素硫，从而消除烟气中的大量二氧化硫，也可以确保对元素硫进行重复再利用。目前的烟气脱硫催化剂还存在过量氧还原干扰的问题以及催化剂中毒问题，所以在今后需要大力解决。

高浓度有机废水的催化氧化处理。在医疗行业、化工行业以及染料行业不断发展的背景下，会产生越来越多高浓度难以降解的废水。这些废水不仅污染大，而且生物降解困难，无机盐含量高，污染物浓度高。目前最常见的高浓度有机废水处理主要以化学氧化为主，而高效湿式催化氧化技术，可以直接将有机污染物从水中去除或者转化为小分子有机污染物，以增强废水的可生化性。通过后期运用生化法，可以快速地将污水中的有机物质去除，同时也可以增加催化氧化的反应效果，常用的催化剂主要包括空气、过氧化氢、臭氧等。

环保催化剂应用。当前环境保护工程开展中主要涉及问题包括温室效应臭氧层破坏、酸雨以及重金属污染等，其中温室效应臭氧层破坏以及酸雨，都是排放大量化学物质引起的，主要包括二氧化碳、亚氧化氮和甲烷等。使用氟利昂会导致臭氧层破坏，所以要想加强环境保护的整体催化效果，需要重点通过化学的方式来消除污染物。对于上述的污染，物质在催化过程中反应量偏低，反应温度不高，反应物与催化剂接触时间非常短，所以要尽可能地保证催化剂活性耐久性达到要求。

二、新型环保催化剂的种类

目前，先进催化剂材料研究非常深入，通过微钠催化材料理性设计以及微纳结构表面调控能够实现精细化催化。无机非金属催化剂与金属催化剂相比较而言具有非常重要的影响，能够保证能源催化的整体效果全面提高。通过对催化剂的微结构和表面化学性质调控能够实现清洁反应溶剂精细化学品和中间体高效清洁。氢气属于一种新型能源，能够作为天然气和煤高效清洁利用的中枢产品，通过将氢气制备纯化以及合成催化进行研究，利用甲烷重整制氢合成气，形成光解水制氢研究体制，能够进一步增强对富氢气体中一氧化碳氧化处理，可以显著降低一氧化碳完全转化的起始温度，并实现了温度窗口转移光催化能量转化，这也是目前环境保护催化的重要研究方向。通过纳米的抑制结构调控可以实现半导体带电吸光，增强光催化活性。

三、光催化纳米材料的实际应用

传统的水处理缺乏溶解性只能去除沙土，无法去除有机化学药品，而光催化纳米材料具有良好的处理效果，可以将难以降解的酸类含氮有机物质，转化为水和二氧化碳，并生成无污染物质。其中光催化纳米材料可以去除工业废水中的酚类氨类等有机污染物，并转变为无污染物质，显著改善生态环境问题。利用太阳光和纳米 TiO_2 能快速地分解工业废水中的多氯联苯物质，显著改善环境质量，也可以高效分解有机污染物并生成二氧化碳和水，而染料具有非常复杂的特性，颜色浓重，染料生产中会产生大量的污水，会对人体健康造成严重威胁，利用纳米 TiO_2 光催化降解，能有效去除毛纺染厂的废水有机物，不仅节省了投资，而且处理效率更好。在化工厂生产中，需要用到大量的水进行冲洗。这些污水中含有许多贵重金属和有毒且难以降解的无机物，直接排放会对人体造成极大危害，白白流失也是资源浪费。利用纳米 TiO_2 可以对高氧化态的重金属快速吸附，在催化剂表面堆积，可以消除废水中的贵重金属毒性，提高重金属的回收效率。自来水中含有大量的易溶杂质以及其他难以处理的有害物质，致使饮水安全无法得到保障。针对这一情况需要充分地运用新型催化膜，通过涂刷纳米 TiO_2 能够快速去除水有机物，减少水质污染问题。

在环保工程快速发展的背景下，要高度重视对环保催化剂的开发与应用，在去除污染物的同时不会产生有毒有害的副产物，可增强对环境保护的处理效果。在精细化催化过程中，步骤多、污染重，所以精细化工绿色化非常关键。通过利用光催化纳米材料，可以保证对高氧化态有毒无机物快速转化，在无机废水中应用具有非常广泛的应用价值。

第三节　光催化纳米材料与环境保护

在环境保护领域中，光催化纳米材料的应用具有重要意义，可以对大气环境污染、废水污染、噪声污染进行治理。本节首先对光催化纳米材料光催化降解原理做出阐述，然后对光催化纳米材料在环境保护中的应用进行探讨，希望可以起到一定参考作用。

环境污染会对人们的健康生活造成影响，会阻碍社会的可持续发展。光催化纳米材料可以对环境中的污染物质进行降解处理，其本身具有较高的杀菌性与氧化性，通过对细菌细胞壁、凝固病毒蛋白质进行破坏，可以起到杀菌、消毒的效果。

一、光催化纳米材料光催化降解原理

TiO_2 光催化纳米材料是一种常见的光催化纳米材料，其本身具有高稳定性、强氧化能力与无毒的特点。

通常情况下，光催化纳米材料的主要构成部分为一个空的高能价带与一个充满电子的低能价带，在两者之间存在禁带。如果照射此半导体催化剂的光能量等于或大于半导体，那么会激发价带电子（e^-）至导带中，有高活性电子在导带中生成，进而让价带有空穴（h^+）产生，出现空穴对。在电场作用下，空穴和电子分离，进而迁移至粒子表面不同位置中。而空穴、电子和 TiO_2 表面水会发生反应，进而让 H_2O 氧化成 $\cdot OH$ 自由基，电子（e^-）本身的还原性相对较强，可以还原 TiO_2 固体表面 O_2 为活性氧，此类活性物质存在还原作用与氧化作用，进而完成光催化降解。

二、光催化纳米材料在环境保护中的应用

（一）光催化纳米材料在大气环境治理中的应用

在大气中，包含 CO、SO_2、NO_x 等多种有害气体，此类气体会对人的身体健康造成影响，对于低浓度的有害气体来说。光催化纳米材料可以对其进行降解。如将一层 TiO_2 纳米材料涂抹在物体表面，就可以对空气中 NO、SO_2 等有害气体起到吸附作用，在光环境中，可以完成有害气体到无害气体的转化；在紫外光照射下，利用 TiO_2 光催化纳米材料，可以对室内装修产生的乙醛、甲醛等有害气体起到降解作用；与此同时，光催化技术可以和其他技术结合使用，如家用空气净化机就是此技术和超过滤技术的结合。

（二）光催化纳米材料在水污染治理中的应用

在纳米粒子表面的无机物具有较强的光化学活性，在激发光催化纳米材料后，会有氧化低氧化态有毒无机物与空穴、电子可还原高氧化态的有毒无机物产生，进而对无机物污染起到消除作用。与此同时，污水中包含重金属元素，此类元素会危害人体健康，而部分金属元素具有较高的回收价值，利用 TiO_2 光催化纳米材料，可以吸附污水中贵金属离子、重金属离子（如高氧化态银、汞等），在治理污染的同时做到回收再利用。

（三）光催化纳米材料在噪声污染控制中的应用

在车辆、飞机以及船舶等大型机械设备的工作过程中，发动机会有高达上百分贝噪声产生，此类污染会对人体健康形成危害，TiO_2 光催化纳米材料可以制作润滑剂，形成永久固态膜应用在发动机表面，可以起到润滑和减少噪声污染的作用，让机器寿命得到有效延长。

（四）光催化纳米材料在其他环保领域的应用

1. 光催化消毒剂

通常情况下，利用 Cu^{2+} 与 Ag^+ 杀菌剂可以让细菌失去活性，但在杀死细菌后，

有毒成分会得到释放，杀菌并不彻底。在光照作用下，光催化纳米材料会有高氧化性空穴产生，让超氧离子得以形成，可以让细菌发生光化学氧化反应，让生物体辅酶活性降低，进而杀死细菌，对细菌死亡后出现的内毒素进行分解，完成彻底杀菌。在具体应用中，可在陶瓷表面涂抹覆盖纳米 TiO_2 制作而成的浆料，利用高温煅烧可形成光催化薄膜，此种瓷砖可以对室内空气进行净化、消毒，在室内卫生间、医院中具有良好的应用效果。

2. 自清洁材料

利用光催化纳米材料可以对化纤进行处理，可以让化纤具有良好双亲特性。利用此种化纤制作窗帘、衣服及帐篷，可以发挥出自洁作用，可以让化学洗涤剂的使用量减少，可以让污水排放量降低。

3. 食品包装材料

阳光的照射可能会对食品造成侵害，将 0.1% ~ 0.5% 的纳米 TiO_2 添加到透明塑料包装材料中，可以让紫外光对食品造成的破坏得到阻挡，可以让食品新鲜度得以保持。纳米 TiO_2 本身具有良好的光催化杀菌作用，光催化反应会有活性物质产生，会分解菌体有机物，让其具有抗菌效果，与此同时，在采摘果蔬后，其体内会累积大量乙烯，会对果蔬鲜度造成影响。纳米 TiO_2 光催化会分解乙烯为水、二氧化碳，进而对乙烯进行去除。以黄瓜为例，利用此种透明塑料包装保鲜膜对其进行包装，可以延长黄瓜保质期。一般情况下，纳米 TiO_2 含量与保鲜效果为正比关系，可以让黄瓜的水分流失得到有效避免。

综上所述，光催化纳米材料的应用可以对环境污染进行有效治理，在大气环境治理、水污染治理、噪声污染控制及消毒剂、自清洁材料及食品包装等领域中的应用可以起到良好的环境保护效果，对于我国环境污染问题的解决具有重要意义，对其进行深入研究与应用可以为我国社会经济的可持续发展做出贡献。

第四节　催化材料在环境保护中的应用进展

一、光催化纳米材料的应用

传统水处理溶解性较差，只能除去土沙等物质，不能溶解有机化学物品，无法将其除去。光催化纳米材料有优良的处理效果，可将难降解的烃类、酸类及含氮有机污染物转化为水和二氧化碳等物质，逐步降解为无污染物质。

（一）工业废水的处理

光催化纳米材料可以氧化工业废水中的苯类、酚类、胺类、酸类、烃类、醇类和酯类等有机污染物及环己烷、二氯甲烷和乙酸乙酯等大多数常见的有机试剂，使其降解为无污染物质，从而改善环境问题。英国环保公司报道一种常温催化技术，利用太阳光和纳米 TiO_2 分解工业废水中的多氯联苯类物质，可以逐步改善水环境。研究表明，纳米 TiO_2 在太阳光作用下，可以高效地降解酚类有机污染物，使其逐步降解为水和二氧化碳等物质。

（二）染料废水的处理

染料是一种成分复杂且颜色浓重的有机污染物。染料在工厂生产过程中产生大量废水等污染物，严重污染环境，并对人体健康构成严重威胁。于兵川等研究表明，用纳米 TiO_2 光催化降解技术处理毛纺染厂废水，能使有机物完全矿化并且不存在二次污染。该方法具有节省投资、高效和节能等特点。

（三）无机废水的处理

化工厂污水中常常含有许多无机污染物质，主要是具有回收价值的贵重金属和有毒难降解且无回收价值的无机物，直接排放对人体危害很大，贵金属难溶会导致在人体长期停留影响下一代，而且从污水中流失也是资源的浪费。纳米 TiO_2 能够将高氧化态的贵重金属离子如汞离子、银离子和铂离子等吸附于表面，且堆积在催化剂表面，这样既可以消除废水的毒性，又可以从废水中回收贵重金属。于兵川等研究表明，光催化纳米材料可还原高氧化态有毒无机物或氧化低氧化态有毒无机物，在无机废水的处理方面应用前景广阔。

（四）自来水的净化处理

自来水中含有一些易溶杂质及细菌等难以处理的有害物质而影响水质，导致饮水安全得不到保障，损害健康，常规的水质净化无法深度处理水中特定杂质和细菌。李田等开发了一种新型催化膜，在玻璃上涂刷一层纳米 TiO_2 薄膜，可以去除水中有机物，去除率高达 60%。此方法有效降低了水质中污染物及部分细菌。

（五）大气污染治理

近年来，尝试各种方法降低大气中的 SO_2、CO 和 NO_x 等有害气体含量，使这些气体在空气中不超标，降低对人类身体健康的损害。胡将军等发现在紫外环境下，以纳米 TiO_2 作为催化剂，可以有效去除甲醛气体。研究表明，光致空气清洁剂是一种光催化剂和纳米材料的组合，可以在室内、室外具有墙体空间进行涂抹，在光作用下，光致空气清洁剂可以吸附并氧化 NO、SO_2 和 NH_3 等有害气体，以达到净化空气的效果。

（六）固体废弃物的处理

光催化纳米材料技术是一种近年来发展的处理城市生活垃圾的新型技术。卓成林等研究了常规 TiO_2 材料和纳米 TiO_2 材料处理固体垃圾的效果，对比研究表明，纳米 TiO_2 材料处理固体垃圾速率提升明显，具有较明显的优越性，应用前景良好。

二、稀土催化材料的应用

传统贵金属催化材料由于存在制备成本高和工艺复杂的缺点使其使用受到限制。稀土催化材料具有高效便捷、成本低廉及无污染的优点，制备工艺相对成熟，性能优良，并且我国稀土催化材料资源丰富，可以开发利用，在环境保护方面得到很好的发展。

（一）挥发性有机废气(VOCS)方面的研究及应用

随着工业化程度的逐渐增加，工业有机废气污染严重，尤其是在化学品、染料和皮革化工等行业生产与使用过程中产生大量污染物。近年来，发展了等离子体－光催化体系净化技术，能够有效地降解VOCS等污染性气体，以达到治理空气的目的。

（二）汽车尾气及工业有机废气的处理

随着我国汽车数量不断上升，汽车尾气处理问题对我国环境污染的治理提出了新的挑战，既能快速处理汽车尾气又能节约处理成本成为当今研究的重要课题。翁端等研究表明，稀土钙钛矿催化材料和铈锆固溶体催化材料对汽车尾气处理均有很好的效果；还可用于家用发电机、庭院剪草机、小型灌溉设备、水上动力设备以及其他设备的尾气处理。

（三）烟气脱硫、脱硝、脱氮方面的应用

我国能源结构以传统的化石能源为主，在化石能源使用过程中，排放大量污染性气体，环境污染日益严重。赵岳等深入研究了稀土催化剂，稀土催化剂可以有效催化化石能源产生的污染气体，具有优良的脱硫、脱硝性能。胡辉等研究了负载型双组分催化剂和单组分催化剂的催化效果，研究结果表明，SO_2的催化还原温度表现出较大的差异，双组分负载催化剂的活化温度相对降低了$(50 \sim 100)℃$，活性更高。德国 Bergbau-Forschung 公司开发出一种新型的活性炭联合法，脱硫率和脱氮率分别为98%和80%。

（四）焦化废水净化中的应用

焦化废水成分复杂，既含有油脂和芳烃等有机物，又含有无机物，毒性很大，是一种高浓度酚氰废液，严重污染生态环境和威胁人体健康，处理难度非常高。在对焦化废水处理技术方面生效甚微，传统普通生化方法虽然可以去除酚、氰等污染物，但并不能更深层次地处理污染物。因此，近年来发展了一种新型的现代净化技术——催化湿式氧化。邹东雷等采用非均相催化氧化的处理方法，以 γ-Al_2O_3 为催化剂，并使用 $80\ g\cdot L^{-1}$ 的硝酸铜溶液浸渍，研究结果表明，此方法对焦化废水的处理效果明显，使焦化废水的污染得到更好治理。

三、异质结光催化材料的应用

常用 TiO_2 光催化剂存在量子效率和可见光利用效率低的缺点，制约其发展。纳米异质结光催化材料成功实现了光致电荷的有效分离及纳米材料和异质结的优势，在环境污染控制领域得到快速发展。于洪涛等从异质结用于光催化基本原理、半导体间异质结、肖特基结、碳材料和半导体构成的异质结等方面阐述了纳米异质结光催化材料在环境保护中的应用可行性和优越性，并介绍异质结光催化材料如 Bi_2O_3–$BaTiO_3$ 和 NiO–$SrBiO_4$ 的电荷分离机理。

参 考 文 献

[1] 涂乔逸，张萌芽，陈剑，等 .BiFeO₃ 负载钯金合金的制备及其光电催化效果的研究 [J]. 江西化工，2018（2）：133–137.

[2] 阿比迪古丽·萨拉木，吾尔尼沙·依明尼亚孜，买买提热夏提·买买提，等 . 溶胶 – 凝胶法制备 BiFeO₃ 薄膜及其光催化性能研究 [J]. 功能材料，2018（11）：77–80.

[3] 邓燕，何青青 .TiO₂ 光催化材料研究进展及运用 [J]. 广州化工，2016（17）：55–56，63.

[4] 曹培，周国伟 .SiO₂/TiO₂ 复合材料的制备及其光催化性能 [J]. 齐鲁工业大学学报（自然科学版），2018（6）：1–6.

[5] 高晓明，代源，费娇，等 .n–p 异质结型 CdS/BiOBr 复合光催化剂的制备及性能 [J]. 高等学校化学学报，2017（7）：1249–1256.

[6] 付孝锦，张丽，胡玉婷，等 .SmVO₄/g–C₃N₄ 异质结复合物对罗丹明 B 光催化性能研究 [J]. 现代化工，2019（1）：144–149.

[7] 钱修琪，王德军，洪广言，等 .p/n 结型 α–Fe₂O₃ 光催化剂的光电压谱研究 [J]. 高等学校化学学报，1986（4）：85–87.

[8] 李爱梅，杨海真，朱亦仁 . 纳米 Fe₂O₃ 的制备及其光催化降解造纸废水 [J]. 江苏大学学报：自然科学版，2010（6）：716–720.

[9] 向莹，钟书华，何瑜，等 .Fe₂O₃ 纳米粒子复合纤维素膜降解有机染料亚甲基蓝 [J]. 湖北大学学报：自然科学版，2013（3）：350–353.

[10] 姜秀榕，林梦冰，王怡承，等 .α–Fe₂O₃ 催化剂的制备及其对偶氮染料刚果红的紫外光催化降解性能研究 [J]. 井冈山大学学报：自然科学版，2016（2）：33–37.

[11] 赵丽，杨文龙. 纳米 Fe_2O_3 的光催化性能与改性研究进展 [J]. 宁夏工程技术，2018（3）：285-288.

[12] 曾桓兴，王弘，沈瑜生，等. $\alpha-FeZO_3$ 基气敏材料的催化性能研究 [J]. 化学传感器，1988（2）：75-76.

[13] 李雪莲，华理想，叶俊勇，等. $\alpha-Fe_2O_3$ 纳米材料的制备及其对甲基橙的光催化降解研究 [J]. 宿州学院学报，2016（9）：114-117.

[14] 赵丽，杨文龙. 聚合物／半导体复合材料对有机污染物的光催化降解研究 [J]. 广州化工，2018（21）：19-20，37.

[15] 杜记民，王卫民，李艳楠，等. TiO_2／聚苯胺复合材料的合成、结构表征及光催化性能 [J]. 化工新型材料，2010（9）：122-124，155.

[16] 冉方，冒卫星，赵巧云，等. $ZnFe_2O_4$／聚苯胺复合材料的制备及光催化性能 [J]. 浙江师范大学学报：自然科学版，2017（1）：64-70.

[17] 王红娟，阮丽君，李文龙. 聚噻吩／SnO_2 复合材料的光化学制备及光催化性能 [J]. 材料导报，2015（6）：31-34.

[18] 敏世雄，王芳，李国良，等. 聚噻吩敏化 TiO_2 复合材料的制备和光催化性能 [J]. 精细化工，2009（12）：1154-1158.

[19] 王秀峰，王永兰，金志浩. 水热法制备陶瓷材料研究进展 [J]. 硅酸盐通报，1995（03）：25-30.

[20] 王桂林. 纳米粉体材料的制备方法 [J]. 煤矿机械，2003（10）：65-68.